HOBBY JAPAN
軍事選書

THE ANIMAL
VICTORIA CROSS-
-THE DICKIN
MEDAL

戦場の動物たち

ペ　ーソン

訳

JN072961

HOBBY JAPAN

アフガニスタンでの従軍を顕彰して、2012年にイギリス軍用犬マリに授与されたディッキン・メダル。従軍動物に与えられる、ヴィクトリア十字勲章にも匹敵する最高の栄誉だ。©Getty Images

ディッキン・メダルを授与された唯一の猫、サイモン。マスコット、そしてネズミ駆除のため軍艦にはしばしば猫が乗せられた。サイモンは我が家となった「アミシスト」号の食糧庫をネズミから守り、敵中に孤立した乗組員を勇気づけた。この事件は1957年の映画『Yangtse Incident: The Story of H.M.S Amethyst』の題材となった。©Alamy/PPS通信社

空襲の最中に迷い犬となったリップは、専門の訓練を受けてはいなかったが、本能に従い瓦礫の下から多くの市民を救出し、捜索救難犬として活躍するようになった。第二次世界大戦中のイギリス当局は、こうした犬の能力を引き出す訓練方法を確立し、多数の捜索救難犬を育成、動員して、ドイツ空軍によるイギリス本土空襲の脅威に対峙した。

アフガニスタンにてイギリス軍宿舎を狙った爆発物を発見した軍用犬トレオと、彼のハンドラーのデイブ・ヘイホー軍曹。トレオは2010年にディッキン・メダルを授与された。敵の存在や危険な待ち伏せ、ワナをいち早く察知するパトロール犬は、兵士にとって頼りになる仲間であった。©Alamy/PPS通信社

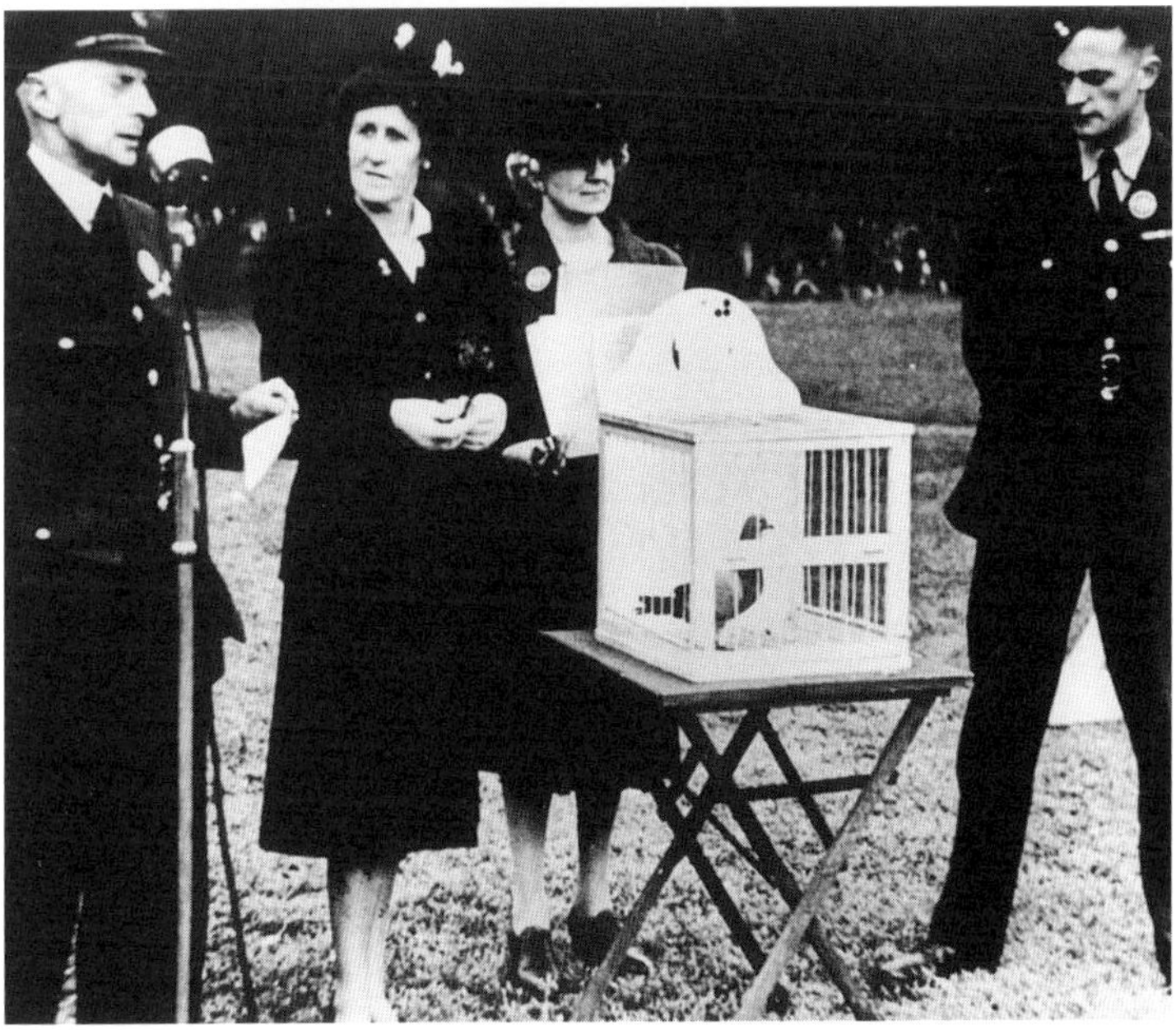

第二次世界大戦時代の伝書鳩マーキュリー。デンマーク北部、スカゲラク海峡の監視は戦略上極めて重要だったが、伝書鳩にとって北海を越えてイギリスに向かうコースは過酷であった。この任務で放鳥された12羽のうち、戻ってきたのはマーキュリーだけだった。1946年9月にマーキュリーはチェルシー王立病院敷地内でディッキン・メダルを授与された。©Getty Images

1946年5月2日、ロンドンのカドガン広場にて、ターバット子爵からディッキン・メダルを受け取るジュディー。乗っていた砲艦が撃沈された時から、彼女の冒険が始まった。©Getty Images

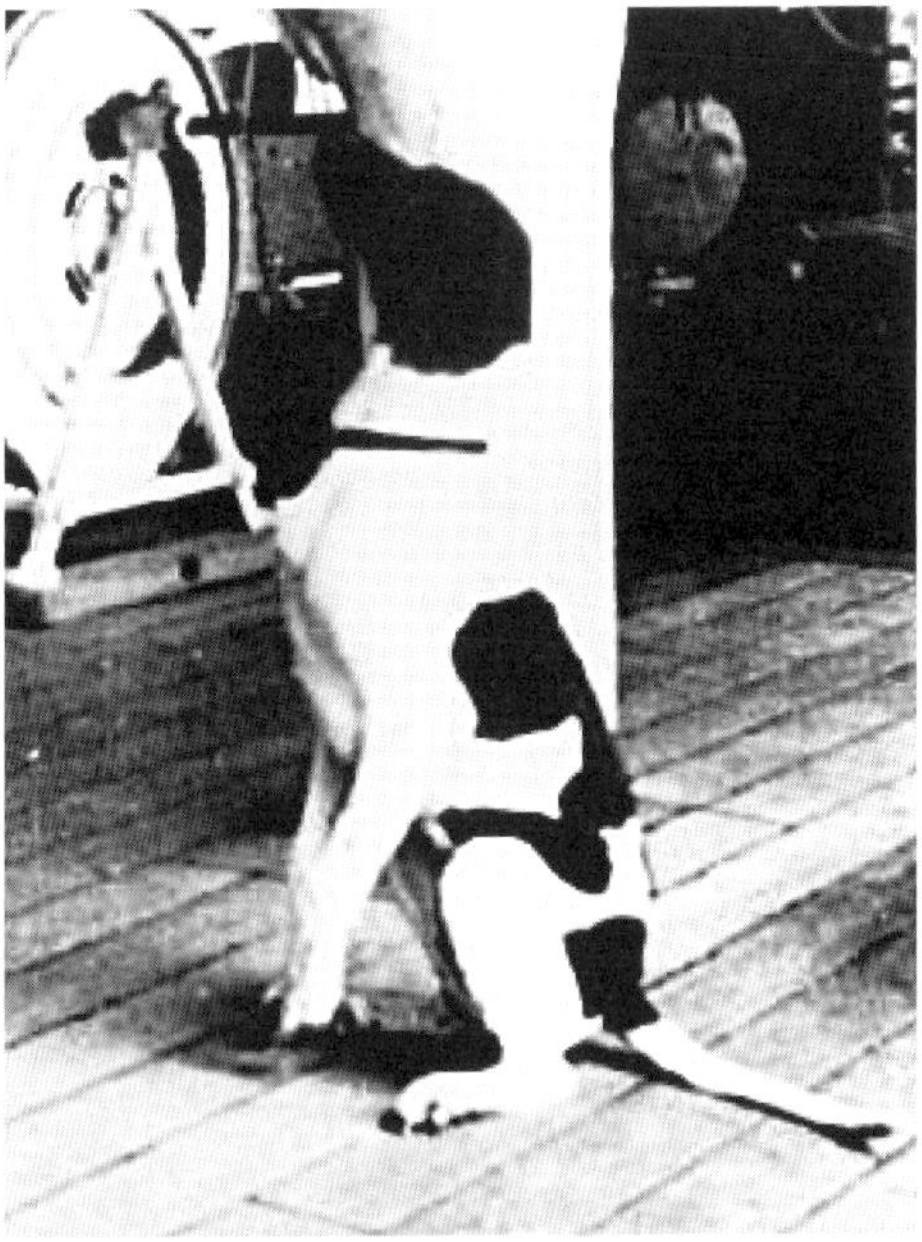

ジュディーが経験した日本軍の捕虜収容所での物語は、戦後のイギリスで有名になった。本書では日本軍が戯画化されている傾向があるが、ジュディーの献身、兵士たちとの絆は本物であった。

ディッキン・メダルを創設したマリア・ディッキン。彼女は1951年に80歳で死去したが、動物愛護の遺志は現在まで受け継がれ、PDSAの事業と共に今も大きな尊敬を集めている。©Getty Images

目次

装丁・本文デザイン
金井久幸＋川添和香
[TwoThree]

編集協力
アルタープレス
合同会社

謝辞

なにより先にアリソン・ドランに感謝をしたい。半年の間、毎週二〜三本の物語を編集して、本書を形にするのに尽力してくれたからだ。アリソンの編集者としての助言と同じくらい、彼女が物語の末尾に残した感情的な反応も貴重であり、もし彼女の促しがなければ、私はこの本をペン・アンド・ソード社に持ち込もうとは考えなかっただろう。ある日、アリソンは娘のエリーとミアを学校に迎えに行くまでの数分間、その週のノルマにしていた三つの動物の物語を読み始めた。ところがアリソンは物語に夢中になり、一〇分遅れで学校に到着した時には、子供たちは雨に濡れながら校門の外で待つのをやめて、校舎に戻っていた。アリソンの励ましやコメントがあったからこそ、私は自信を持って出版社に持ち込みができた。

長い年月、多くの協力者が時間と専門知識を提供してくれたおかげで、このテーマを具体的に進めることができた。特に地元図書館のレスリー・キャットンはじめ、メアリー・クーパーやフィオナ・ヘイワード、ハーレイ・トランターには、急ぎの依頼であっても快く書籍や論文を探し出し、多忙な業務の中で、精力的に対応してくれたことに、心から感謝をしたい。またヘザー・ベインとモーリーン・ボズデッチには、親切な支援と指導に感謝したい。特に鳩の研究と、わずかな手がかりからの追跡については、クレア・ベネットから多大な協力をいただいている。ヘンリー・ウィルソン、ジョンとドリーン・ヒューズ、クリス・ウォーターズ、ロジャー・ハック、ジュリアンとジェニー・マズリンの賢明な助言も不可欠であった。テルフォードに所在する「病める動物のための民間救護施設（PDSA）」のジル・ハバードが提供してくれた新聞の切り抜きやプレスリリースは有用であり、ディッキン・メダルに関する私の知識や関心を大いに高めてくれた。この小さなきっかけから、私はこのテーマの追求に夢中になり、それぞれの動物の調査に「手を抜かない」決意を強くした。

動物のリストを手がけてくれたリジー・キーン、写真の協力をしてくれたリサ・バイアレック、リチャード・ドーティー、リタ・オドノヒュー、パトリシア・オゴルマン、ステファニー・サビーユに感謝を捧げる。ペン・アンド・ソード社編集部のマット・ジョーンズには、この本の価値を高めるために、大変な努力をしていただいた。彼の助言と助力のすべてに感謝をしている。最後に、本書を手に取った貴方を含め、世界中の動物愛護者に感謝する。

P・J・ホーソン

はじめに

動物のためのヴィクトリア十字勲章は、マリア・ディッキンという名の動物愛好家の発案で誕生した。勲章の正式な名称は「ディッキン・メダル」で、人間のために優れた忠誠心や勇敢な振る舞い、行動を示した動物を称えて贈られる。

マリア・ディッキンは、一八七〇年に八人兄弟姉妹の長女として生まれ、強い意志を持って育った。自由教会の牧師の娘として、快活に少女時代を過ごしたマリアは、一八八九年に従兄弟で裕福な公認会計士のアーノルド・ディッキンと結婚、ハムステッド・ヒースで家庭生活を営んでいた。この時代、社会的地位の高い女性は、外では働かずに家庭を守るのが美徳とされていた。しかし知的で大胆な性格のマリアは、社会的な制約など気にせず、ロンドンのイーストエンドを拠点に、病人や貧困層の人々を支援する社会奉仕活動に取り組んだのであった。ある時、マリアは灰色にくすむ、じめじめとした街を歩きながら、病気でひどい状態の犬や猫が、側溝の中でわずかなエサをめぐって争っているのを見た。少なからぬ動物が四肢に障害を抱えていたことにも深く心を痛めた。飼い主の多くは、獣医に見せる費用を支払えないために、ペットの動物たちは緩慢で苦痛に満ちた死を迎えるしかなかったのである。

なにか行動をしなければと考えたマリアは、一九一七年、遂にホワイトチャペルの地下に「病める動物のための民間救護施設：People's Dispensary for Sick Animals（PDSA）」を設立し、以下の看板を掲げたのであった。

病気の動物を連れてきてください。
彼らを苦しませないでください。
すべての動物を治療します。
すべての治療は無料です。

数時間のうちに、マリアのオフィスは動物の飼い主らで大混雑となった。地下室に押し寄せる人々と動物を整理するために、警察が呼ばれるほどであった。数年後、マリアはジプシー・キャラバン（訳注：移動生活に適した居住性の高い馬車）を改造して、経験を積んだ獣医師を乗せた移動式診療所を作り、ホワイトチャペルまで来られない飼い主のために、イーストエンド一帯を巡回するようになった。彼女の組織は全国に拡大し、一九二三年には一六カ所の診療所が設けられていた。マリアの活動は軍の後援を得て、海外にも広がり、モロッコのタンジールや、パレスチナ、南アフリカ、ギリシャ、エジプトには、軍隊で使役されて負傷した動物を治療する目的で、PDSAの支部が作られた。また一九三四年には、マリアは子どもたちにペットの正しい世話の仕方を教えるビジー・ビーズ（訳注：機敏で精力的な人の意）プログラムの立ち上げにも関与している。第二次世界大戦を前に、PDSAは五つの病院、七一カ所の診療所、一一台の手術車両を保有し、イルフォードには獣医の教育機関を兼ねた本部を設立していた。

世界大戦における陸海空軍の作戦行動は、使役される多くの動物にとって極めて危険であった。馬、ラバ、牛などの動物が車両を牽引し、伝書鳩が通信手段として多用された。また部隊のマスコットとして海外に連れ出され、戦場に赴く動物もいた。一方、イギリス国内では、飼い主が戦場や戦災で命を落とすことで、多くのペットが飢餓状態に追いやられた。特に都市部は、ドイツから連日の夜間爆撃を受けていたので、一層深刻であった。

ヴィクトリア女王は、クリミア戦争の英雄たちの話を知って、一八五六年一月二十九日にヴィクトリア十字勲章の創始を命じた。この勲章は最高の勇気や自己犠牲の精神に根ざした行動を見せた、大胆で卓越した軍人に授与される、イギリスの軍人にとってもっとも栄誉ある勲章となった。マリアもヴィクトリア女王と同じ気持ちを抱いた。クリミア戦争でようやく勇敢な兵士に勲章が与えられるようにはなったが、いまだ従軍動物の功績を称える栄誉が存在していない事実に気付いたのだ。一九三九年にイギリスが宣戦布告して第二次世界大戦が始まると、イギリス戦争省は軍で使役する動物を徴発した。そして配給制を導入した結果、多くの人々が自給自足を強いられ、ペットを手放す悲劇に直面したのであった。何千頭もの馬、犬、ロバ、鳩が軍隊に徴発されて、様々な任務で使役された。軍用犬になったのもいれば、ブリッツ空襲（訳注：ブリッツとはドイツ語で電撃の意。狭義にはナチス・ドイツ空軍が1940年9月7日から1941年5月10日の期間、ロンドン周辺に対して実施した空襲を指す）で生き埋めになった犠牲者を探すために使われた捜索犬もいた。また特殊空挺部隊（SAS）と共に敵地への極秘潜入任務に向かった犬もいた。いずれも現場では不可欠な働きを見せている。

このような動物たちの献身と犠牲を知ったマリアは、彼らの勇敢な行動に与えられる最高の栄誉となることを目指し、一九四三年にディッキン・メダルの制度を創設した。この栄誉は極めて勇敢な行為を見せた従軍動物に贈られるもので、ヴィクトリア十字勲章に匹敵する動物たちのための栄誉として世界的に認められるようになった。ディッキン・メダルを授与されたのは、創設以来、犬二八頭、ハト三一羽、馬三頭、猫一匹の、合計六三例に限られている。メダルを授与された動物はいずれも、困難な状況にも関わらず勇敢さを発揮し、ある時は平時において、また戦時となれば、第二次世界大戦、パレスチナ紛争、朝鮮戦争、ユーゴスラビア内戦、イラク、アフガニスタンや対テロ戦争など、世界中の戦争や紛争で、目を見張る活躍をしたのである。本書では、九・一一同時多発テロで世界貿易センタービルの崩壊から飼い主を救った盲導犬ロゼルや、船の乗組員全員の命を救った白黒模様の小さな猫のサイモンの活躍を描いている。また第二次世界大戦中、イタリアのコルヴィ・ヴェキアの戦場で一〇〇〇名もの兵士の命を救ったアメリカ軍の伝書鳩G・I・ジョーのように、従軍動物も世界中で素晴らしい活躍をしている。アイルランド軍の伝書鳩バディは、秘密兵器に等しい能力を駆使して特殊任務を迅速にこなし、カナダのニューファンドランド犬のガンダーは、殺処分を免れると、兵士によって密かに連れ出されて、香港の鯉魚門《りぎょもん》の戦いで立派に任務を果たした。大型のベイ種の馬のリーガルは、激しいブリッツ空襲の最中にあるロンドンで活躍し、伝書鳩のマーキュリーは大陸でのレジスタンス運動の中で、他の一一羽の仲間が果たせなかった危険な任務を成功させて、それぞれ従軍動物のヴィクトリア十字勲章（ディッキン・メダル）を授与された。

英雄は現代にもいる。黒いラブラドールのトレオは、アフガニスタンの戦場で決断力と技量を発揮して多くの兵士の命を救っているし、アルザス犬のサムは、ユーゴスラビア紛争で民族浄化を食い止めるのに貢献した。また軍に所属していない受賞動物もいる。コリー犬のシーラは、イギリスのカンブリア州チェヴィオット丘陵地帯の牧羊犬であったが、ディッキン・メダルを授与されている。また、秘密の任務での活躍を飼い主が知る前に、メダルを授与されぬままこの世を去った英雄も存在する。

マリアは一九五一年に死去したが、従軍動物にメダルを与えることが、彼女の晩年の生きがいになっていた。

本書には、六十三体の従軍動物がディッキン・メダルを獲得するまでの物語が記されている。私が本書の執筆で得たのと同じだけの喜びを、読者に感じていただければ幸甚この上はない。

P・J・ホーソン　二〇一一年十月

第一章

海の戦い

1. War at Sea

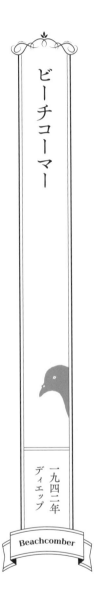

ビーチコーマー

一九四二年
ディエップ

Beachcomber

一九四二年八月十七日、デイリー・テレグラフ紙のクロスワードに〈French port（6）〉というヒントが掲載された。その翌日の解答は「ディエップ（Dieppe）」であった。これが軍を刺激した。実は八月十九日、連合軍の数千名の部隊がまさに北フランスのディエップに上陸作戦を実施する予定であったからだ。連合軍の目的はヨーロッパ側の港を軍事力で制圧して、再占領が可能であると証明すること、そして上陸作戦に必要な経験と情報を得ることにあった。加えて、イギリス海峡に面するドイツ軍の防衛網を破壊する狙いもあった。つまり、このパズルの解答は、ドイツがディエップ襲撃作戦を事前に察知しているのではという疑念を軍上層部にもたらしたのだ。イギリス諜報部は直ちに調査を開始した。

強襲作戦は八月十九日早朝五時に始まり、イギリス海軍と連合軍空軍部隊の支援を受けた、カナダ軍主力の六〇〇〇名以上の歩兵部隊が上陸を開始した。この準備の一環として、ビーチコーマーという名前の伝書鳩が、ベルファスト、バーウィック、ペンザンスのそれぞれから、ライギットの鳩小屋に帰巣できるかどうかの事前訓練を受けていた。作戦遂行には上陸部隊と海軍、空軍間の円滑な通信が不可欠であったが、無線機のバックアップとして、二羽の伝書鳩も使用された。その一羽がビーチコーマーであった。

強襲作戦は初手から躓《つまず》いた。ドイツ軍陣地が街を見下ろす制高点の丘を利用して巧みに配置されていたからだ。ドイツ軍の砲撃は艦船や上陸用舟艇に的確な照準を定めていた。守備隊もまるで事前に作戦内容を知っていたかのように、兵力を海岸付近に移していた。結果、上陸したカナダ兵は海岸付近のドイツ軍から猛烈な阻止砲火を浴びせられ、ディエップ市街への進出を阻止されてしまったのだ。前線部隊とイギリスの司令部との間の無線通信は途絶し、海岸にいる兵士たちは命令を与えられないまま、敵の砲火に釘付けにされてしまった。彼らを運んできた艦船は沖に離れていたため、撤退もできない。この絶望的な状況下で、二羽の伝書鳩に望みが託された。伝書鳩の通信筒に、上陸部隊の悲惨な状況の報告書が封じられたのである。ところが一羽は敵の狙撃で仕留められてしまう。残る希望は最後の伝書鳩、ビーチコーマーに託されたのであった。

ビーチコーマーは砲弾の破片や弾丸が飛び交う戦場をどうにかくぐり抜けて海上に出るのに成功した。そして平均して時速五〇マイル（約八〇キロメートル）で飛び続けると、通信筒を携えて作戦本部の巣箱に帰巣できた。そしてこの伝書鳩のもたらした現地情報が、午前九時をもっての撤退命令に直結したのである。ディエップ襲撃の目的は達成できず、投入兵力の半数以上が死傷、捕虜または行方不明になるという大惨事で終わった。しかしこの撤退命令によって、半数の兵士が死地から救われたのは紛れもない事実である。

大変な危険と困難の中で、重要な情報を携えて任務飛行を完了したビーチコーマーに対して、一九四四年三月十六日にディッキン・メダルが授与された。戦争はまだ激しく、終わりが見通せない時期であり、ほとんどの従軍動物は戦争が終わった後にメダルを授与されている。戦争中にビーチコーマーがメダルを授与されたのは、極めて重要な出来事であった。メダルの添え書きには次のように書かれている。

〈ビーチコーマーは仲間の伝書鳩が撃ち落とされるほどの危険な状況で、ディエップ上陸部隊に関する最初の詳細な報告をもたらした。ビーチコーマーは時速五〇マイルを超える速度でイギリスの陸軍司令部に帰還したのである〉

ドイツ占領下のヨーロッパに対する反攻が大惨事で終わった後、戦争省はクロスワードが敵の諜報に使用されているという疑いを深め、当時、カナダ軍とＭＩ５（英国保安局）の上級情報担当将校であったトゥイードシミュア卿が調査にあたった。しかし彼の部局の徹底的な調査にもかかわらず、クロスワードが敵に密告するために使われた事実の証拠は見つからず、偶然の一致として処理されたのであった。

サイモン

一九四九年
中国

Simon

二十世紀初頭の中国大陸では、アヘン商人が尖兵となったヨーロッパ帝国主義勢力の拡大があり、その政治的、経済的侵略に反発した義和団の乱が発生した。この反乱で支配者である清朝は弱体化し、一九一一年に辛亥革命で打倒された。中国は表面的には共和政に移行したが、政権は極めて不安定であり、軍閥割拠状態の下、互いに覇権を求めた内戦状態に陥った。そして一九二七年からは中国国民党（ＫＭＴ）と中国共産党（ＣＰＣ）の間での本格的戦争である国共内戦が始まった。

共産主義勢力の圧力を受けて、国民党政府は南京を追われたが、欧米各国の大使館の一部は南京に留まっていた。そして第二次大戦終了後、イギリス大使は、大使館職員と同地に居留している多数のイギリス人を守るために、海軍艦艇を駐留させて警備力の強化に努めていた。一九四九年、バーナード・スキナー大尉が艦長を務めるスループ船「アミシスト」は、南京にいる駆逐艦「コンソート」を救援するために出撃した。グラスゴーで建造されたアミシストは、一九四三年にブラックスワン級スループを改造した船で、乗員たちがペットにしていた犬と猫が一匹ずつ乗り込んでいた。

サイモンは一九四六年に香港の造船所で拾われた猫で、「ネズミの調理人」として頼りにされていた。船内では気ままに闊歩して乗組員に世話を焼かせ、艦長の不満を意に介さず、彼の帽子を寝床にしていた。夕食時には誰彼構わず膝の上を占拠するし、艦橋にやって来ては海図台の上で眠ってしまうこともたびたびあった。アミシストにはペギーという名のテリア犬もいて、サイモンとは気まぐれに遊んだが、互いに適度な距離感を保っていた。この二匹は乗組員の仲間であり、長く退屈な洋上生活で、乗組員の士気を高める重要な存在であった。アミシストは物資調達のために江陰《こういん》で一晩停泊してから、再び南京を目指していた。

四月二十日もアミシストは長江を遡上して南京を目指していた。見張り員の目には、川岸に人の姿は認められなかった。長江の北岸は共産党勢力の支配圏にあり、各所に河川交通を監視する歩哨が設けられていた。アミシストはマストにイギリス海軍旗を掲げていたので、一目で所属が分かるはずであった。ところが、ゆっくりと航行するアミシストに対して、北岸から何の前触れもなく攻撃が始まり、乗組員に銃弾が浴びせかけられたのだ。各所で発生した火災は消し止められたが、沿岸砲台が攻撃に加わると事態は悪化した。最初は精度が悪かった砲撃も、やがてアミシストの船体に命中し、爆風と共に飛散した破片で艦内はめちゃくちゃになった。この耳をつんざくような砲撃によりスキナー艦長は戦死し、次席のジェフリー・ウェストン中尉が重傷を負いながら指揮を執るような状況であった。この時、サイモンのすぐそばに砲弾が命中して大きな穴が空いたが、それを合図にしたかのように砲撃が停止した。夜霧の中、かろうじて動いているエンジンの咳き込むような音以外、何も聞こえなくなったのである。

艦橋を破壊されたアミシストは、砂州に乗り上げて動きを止めた。船体には五四発もの各種銃砲弾が命中して、舵が壊れ、一七名が犠牲となっていた。サイモンは背中と脇腹を負傷し、顔の周りの毛が焼け焦げて意識を失った状態で発見された。すぐに衛生兵がサイモンを確認したが、激しい砲撃でサイモンが聴覚を失っている可能性を心配しなければならなかった。もしサイモンが意識を取り戻しても、聴覚を失って精神のバランスを崩し、「シェル・ショック」を発症したら助からないからだ。まずは一晩延命させるために、衛生兵は傷口から破片を取り除き、外傷を縫合して、できるだけサイモンを安静な状態にした。攻撃再開を警戒したアミシストは、夜陰に乗じて砂州を離れてから錨を降ろした。この「アミシスト号事件」は瞬く間に世界に報道され、人々の耳目を集めた。共産主義勢力は長江北岸で防備を固めており、アミシストは動けなかった。

アミシストには食糧が豊富に残っていたし、飲料水も蒸留で得られていた。燃料タンクの破損もなんとか修理できていた。しかしサンダーランド飛行艇が救援のために飛来して、医療班を送り込もうと努めたが、着水するや激しい攻撃を受けてしまうため、救援作戦は難航した。しばらくすると、船の中ではネズミが増え、食糧が狙われた。飛行艇による救援が不調に終わると、海軍は共産勢力を刺激することによるアミシストへの報復を危惧して、積極的な手を打ちにくくなり、アミシストは日に日に困難な状況に追い込まれたのである。

イギリスは外交交渉による事態の打開を図り、南京のイギリス大使館から、駐在武官のジョン・ケランズ中佐が代理艦長としてアミシストに派遣された。乗組員の戦いは長期化が予想された。国民党軍はケランズ中佐をアミシストまで案内したが、新艦長の最初の仕事は、一七名の戦死者の水葬指揮であった。ケランズ艦長の到着に前後して、サイモンは回復を見せ、再び艦内を歩き回るようになっていた。

交渉は進まず膠着状態が続き、夏を迎える頃には、艦内のうだる暑さと蚊の大発生に苦しめられた。食糧も不足し始めていたが、共産勢力はアミシストの水兵を兵糧攻めにするために、食糧などの物資を外から持ち込むのを許さなかった。ケランズは配給の量を半分に減らして凌ごうとしたが、ネズミが増えて、備蓄食糧が食い荒らされる状況に苦慮していた。そんな状況下で、下甲板の食糧庫を守るサイモンは救世主であった。傷付いた身体を押してネズミを駆除するサイモンの姿を見て、乗組員たちは士気を立て直したのである。サイモンは回復するや巨大なネズミを捕らえ、乗組員はサイモンのスコアを士官食堂に貼り出して報告した。サイモンは平均して一日に一匹のペースでネズミを捕らえ、食糧庫の安全はほぼ確保された。スコアが更新される度に歓声が響き、艦内の士気は目に見えて回復した。もしサイモンがネズミを捕らなくなったり、負傷が悪化して動けなくなってしまったら、食糧の安全は守れず、餓死者が出てもおかしくなかった。殺鼠剤の在庫だけでは多数のネズミを処理しきれなかったのだ。

このようなサイモンの目覚ましい活躍がありながらも、ケランズ艦長は状況の悪化を感じており、なんとか共産主義勢力に屈せずに済む方法を探し出そうとした。しかし安全な水域まで一四〇マイル（約二二五キロメートル）もの距離が残っており、そのうち三分の二の範囲は共産勢力の支配圏になっていると推測される。それでもケランズは脱出を決意した。決行は新月となる七月三十日に定め、ケランズは脱出計画を部下と打ち合わせた。乗組員には「北岸から疑われないように、普段通りの日課をこなすべし」との命令が出されている。日没後、アミシストの乗組員はゆっくりと錨を巻き上げ始めた。誰の表情にも緊張の色が浮かんでいたが、ケランズが出港命令を下そうとしたタイミングで、一隻の汽船が河を遡上してくるのが分かった。隠れてエンジンを始動させる格好のチャンスだ。この汽船の騒音に紛れてアミシストのエンジンを始動させると、次は汽船を北岸との遮蔽物にしながら動き出すよう命令が出された。このアミシストの離脱に、共産主義勢力は誰も気付いておらず、いつもの停泊位置から姿を消したのを見て、ようやく照明弾を打ち上げる始末であった。

その頃にはアミシストは十分に増速していたので、北岸から降り注ぐ砲弾はなかなか命中しなかった。ケランズは速度で切り抜けることが命綱になると信じていたので、長江河口を目指し全速を命じた。艦長の策は的中し、最初の砲撃を凌いだアミシストは、以後、砲撃されることなく航行を続けられた。呉松《ごしょう》に到着した際には、投光機に照らし出される緊張の瞬間があったが、砲撃はされなかった。こうしてアミシストは危機を脱し、自由を取り戻したのである。ケランズ艦長以下、乗組員は安堵と歓喜に包まれ、サイモンとペギーも死地を脱したのであった。修理のために船は香港に向かい、その間もサイモンはいつもと変わらずネズミを捕り続けていた。この時期のサイモンは、本来の自分の立場を思い出したように、艦長室と士官食堂の住民に戻っていたと伝わっている。

十月、アミシストは本国のプリマスに入港し、彼らの奇跡的な脱出劇は世界中のニュースになった。サイモンは人気者となり、手紙や電報、キャットフードのカンヅメばかりか、火傷用のクリームを買う寄付金も届いていた。サイモンへの手紙や贈り物が多すぎたために、ウェストン中尉は「猫問題」対策班を編成しなければならなかった。ケランズ艦長は乗組員の食糧を守り、士気を高めたサイモンをディッキン・メダルに推薦した。ＰＤＳＡもこれに同意して授賞式の準備を始めたが、この時期、サイモンは検疫のためにサリー州の動物センターに送られていたので、授与式には姿を見せられなかった

次の文章は、ケランズ艦長の推薦文の引用である。

〈サイモン（去勢済み）は長江での（アミシスト号）事件の際に、ＨＭＳアミシストに乗り組み、砲撃で負傷しながらも多くのネズミを駆除した。事件の渦中にあって、サイモンの行動は最優等と評価される〉

サイモンはネコ科動物の中で唯一の、しかもイギリス海軍に身を置いた動物の中で初めてのディッキン・メダル受賞動物であった。

だが悲しいことに、検疫を担当した動物センターの獣医は、まだ四歳のサイモンは、アミシスト号事件のストレスで心臓が弱りきっていて、感染症に起因する胃病を患っているのを確認していた。サイモンは一九四九年十一月二十八日に死亡し、イルフォードのＰＤＳＡ墓地で葬儀が行われた。厳かな葬儀に続き、綿を敷き詰め、ユニオンジャックをまとう棺に納められたサイモンの亡骸《なきがら》が埋葬された。棺の納められた地面の穴は、全国から送られた花束で埋め尽くされていた。サイモンに救われたアミシストの乗員を含む数百人が葬儀に参列し、英雄との別れを惜しんだのである。

ウインキー

一九四二年
北海

Winkie

伝書鳩のウインキーは、Ａ・Ｒ・コレー氏が繁殖を手がけたブルーチェックの雌で、国立伝書鳩センターにて訓練を受け、ＮＥＨＵ・４０・ＮＳ・１というコードを与えられ、空軍で任務に就いていた。一九四二年二月二十三日、ノルウェーでの作戦を終えたイギリス空軍のブリストル・ボーフォート爆撃機が、スコットランドのルーカーズ空軍基地を目指していた。この爆撃機にＮＥＨＵ・４０・ＮＳ・１も乗っていた。ボーフォートは損傷していて、不調のエンジンを抱えながら北海上空を飛行していたが、いよいよ不時着水は避けられない状況であった。基地への無線連絡を試みるも、信号が弱く、基地からはボーフォートの最終位置を特定できなかった。

爆撃機は墜落し、主翼がちぎれて胴体も真っ二つになった。機内には氷のような冷水が流れ込み、クルーは海中に投げ出されてしまった。この時、ＮＥＨＵ・４０・ＮＳ・１を入れていた伝書鳩用ケージも機体から外れて、油膜が広がった海に浸かってしまった。クルーはどうにかゴム製の救命ボートを広げて溺死は免れたものの、ルーカーズ基地まで一〇〇マイル（約一八〇キロメートル）以上の距離を残している。そんな時、残骸が散乱していた海の中に、羽根をばたつかせて必死になっている伝書鳩にクルーが気付き、救命ボートを廻して、どうにか回収に間に合った。

この間、ルーカーズ基地では通信が途絶したボーフォート捜索に偵察機を飛ばしていたが、荒天なうえに捜索範囲が不明であったため、現実的に救助は不可能であろうという空気になっていた。救命ボートの漂流者たちは、一縷《いちる》の望みをウインキーに託そうと、鳩の油汚れを必死に拭き取りながら、救難要請のメッセージを作成した。

〈基地までの距離一二九マイル、最寄りの陸地まで一二〇マイル、日照時間の残りは一時間半〉

もし伝書鳩がルーカーズにたどり着けなければ、誰も長くは生きられない。ひどい状況であることは、誰もが分かっていた。祈るような気持ちで放たれた鳩は、最初こそ不自由な動きで残骸の周辺を周回していたが、やがてゆっくりと本国の方向へと飛び去った。鳩は太陽を使って帰巣コースをたどるので、分厚い雲に遮《さえぎ》られて、太陽が見えない今のような天候では、巣箱まで帰るのは難しい。さらに羽根に付着した油汚れのせいで、飛行能力も落ちている。

翌日の朝八時二〇分、ルーカーズ基地の巣箱で瀕死の伝書鳩が見つかった。片方のまぶたが激しくけいれんしていた様子から、ひどい緊張とストレスの中に長時間いたことがうかがえる。だが、残念なことに肝腎の通信筒が失われていた。それでも伝書鳩を担当する部局のデビッドソン軍曹は諦めなかった。鳩の足環に刻まれたＮＥＨＵ・４０・ＮＳ・１のコードネームから、彼女が割り当てられた機体を突き止めると、この鳩のコンディションから類推した飛行できる距離や、クルーとの最後の無線通信内容、そして天候などあらゆる手がかりから判断して、捜索範囲を再度設定しなおしたのだ。そして新たにオランダ人クルーが操縦するハドソン偵察機が発進して一五分後に、漂流する救命ボートが発見されたのである。

ルーカーズ基地に運ばれたクルーたちは、命の恩人である伝書鳩とそのトレーナーに感謝して宴会を催した。藤の大きな鳥カゴが用意され、ＮＥＨＵ・４０・ＮＳ・１に新しい名前を与える流れになった。可愛そうに、この伝書鳩は任務飛行のストレスで、生涯、片目にけいれんが残ってしまった。そのため彼女はウインキーというニックネームで呼ばれるようになったのである。

フライング・ダッチマン

一九四四年
占領下のヨーロッパ

The Flying Dutchman

フライング・ダッチマンとは永遠に外洋を彷徨《さまよ》う運命の幽霊船のことで、十七世紀から船乗りの間で有名な怪談話でもあった。殺人や反乱などの、ありったけの災厄に見舞われたこの幽霊船には、財宝が山積みになっているという伝説もある。二十世紀になってもフライング・ダッチマンの目撃例が途絶えなかったのは、幽霊船の船乗りの魂が、この世に未練を残し、妻や恋人、家族への思いを断ち切れなかったからかもしれない。

ＮＰＳ・４２・ＮＳ・４４８０２というコードを与えられたダークチェックの雄鳩は、ヨーロッパの戦場でもっとも頼りにされた伝書鳩のうちの一羽である。一九四二年から翌年にかけて、この鳩は北海上空を飛行する連絡機用の伝書鳩として、帰還任務を幾度も成功させた。

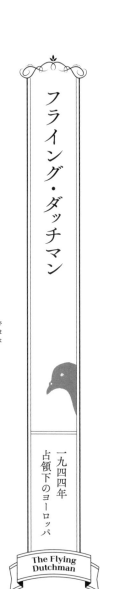

この経験と実績から、彼は敵占領地内に降下した諜報員に随行するという、伝書鳩にとって極めて危険な任務に選ばれた。一九四四年の三月と五月、そして六月の三回にわたり、重要な通信文を携えて、一五〇～二五〇マイル（約二四〇～四〇〇キロメートル）の距離を無事に帰還したのである。さらに、放鳥されたその日に戻ってくるスピード飛行でも知られていた。

四度目の任務となる一九四四年八月、今回も彼はメッセージを通信筒に収めて諜報員の手を離れたが、今回は遂に巣箱に戻ってこられなかった。だが、彼はまだイギリスを目指して洋上を飛び続けているに違いない。そんな姿を有名な幽霊船になぞらえて、ＮＰＳ・４２・ＮＳ・４４８０２はフライング・ダッチマンと呼ばれるようになったのである。

ホワイトビジョン

一九四三年
スコットランド

White Vision

ホワイトビジョンは、グラスゴー近郊のマザウェルに住むフレミング兄弟が繁殖した白い雌鳩で、スコットランドで活躍した。スコットランドに駐屯するイギリス空軍の重要な任務の一つに、ドイツやノルウェーに帰還を図るUボートの捜索と攻撃があった。この哨戒任務に使われる飛行艇は、シェトランド諸島から二二時間交替という長丁場の任務を遂行していた。そのような長時間の危険な洋上任務であるため、事故に備えて、各機には二羽の伝書鳩が支給されていたのである。

一九四二年十月、対潜哨戒任務を終えたカタリナ飛行艇が、強風と濃霧の中を飛行していた。この飛行艇はシェトランド諸島のサロムボイへの着陸を拒否されたため、行き先をアバディーンに変更しなければならなかった。ところがアバディーンでも着水可能な天候状態ではなかったため、今度はオーバンへの迂回を求められた。燃料は危険なほど減少しており、機内は張り詰めたような雰囲気になっていた。午前八時二〇分、遂にガソリンを使い果たしたカタリナは、ヘブリディーズ諸島の沖合に不時着を強いられた。凍て付くような海水に洗われる機体の外に這い出たクルーたちは、主翼の上で身を寄せ合った。シェトランド諸島の司令部に救難通信を試みたが、すでに無線機は機能していない。最後の希望は、どうにか機内から回収した二羽の伝書鳩であった。

救命ボートは二艘あったが、うち一艘は二名が乗ったところで潮流に捕まり、飛行艇から離れてしまった。もし残りのボートに九名が乗り込めば、このような気象状況の下では浮かんでいるのも難しい。
　こうして一一名のクルーの命は、いよいよ次の通信文を封じた通信筒を抱える二羽の伝書鳩に託されたのである。

〈乗機は〈ブリディーズ諸島北西海域に着水するも、激しいうねりにあって西方に漂流中。死傷者なし〉

　伝書鳩は時速二五マイル（約四〇キロメートル）の向かい風と、一〇〇ヤード（約九〇メートル）の視界の中を飛び立った。しかし濃霧で太陽は遮られ、伝書鳩がシェトランド諸島の基地に戻るには悪条件ばかりであった。一羽が消息を絶ったのも無理のない状況であった。
　しかしホワイトビジョンは、この最悪のコンディションの中を、六〇マイル（約九五キロメートル）も飛んで、同日午後五時に帰巣したのである。疲労困憊の状態で、羽根を何本も失っていたが、通信筒は無事であった。このメッセージにより捜索の範囲を絞り込むことができたので、救助活動が再開された。

しかし四〇時間が経過しても、捜索隊はカタリナ飛行艇を発見できなかった。要救助者の側では、この時、飛行艇の胴体がほぼ水没し、どうにか高翼形状の主翼が海面に姿を見せているだけであった。九名はこの翼の上にしがみついていた。救命ボートに乗った二名は、前日に見えなくなってからもう行方が知れない。一二時五分、この絶体絶命のカタリナ飛行艇の残骸を遂に発見した救難飛行艇が付近の海面に着水した。そして最後のクルーが救難飛行艇に乗り移った直後、傷付いたカタリナは波間に姿を消したのであった。

救命ボートで漂流していた二名も同じ日のうちに救助されたので、カタリナのクルーは全員が救われた。これはひとえに、悪天候の危険な飛行を成し遂げた伝書鳩の功績である。ホワイトビジョンは、この献身的な救助劇の主役としてディッキン・メダルを授与されたのであった。その推薦文には次のように書かれている。

〈一九四三年十月、イギリス空軍での任務において、極めて困難な状況下で連絡任務を成し遂げ、航空機のクルーの救助に貢献した〉

DD43T139

一九四五年
ニューギニア

DD43T139

一九四五年七月、アメリカ軍の第１４０２号貨物船は、ニューギニア、マダンの沖合を航行中であった。この船には日本軍と戦う陸軍部隊用の武器弾薬、食糧、医療機器など貴重な物資が満載されていた。その積荷の脇に、オーストラリアの鳩舎で育てられた、青い雄の伝書鳩も乗っていた。彼は貨物船の任務に不可欠な、優秀な伝書鳩であった。オーストラリア、ビクトリア州に住むアダムス氏がトレーニングしたこの伝書鳩は、これまで二三回もの任務飛行をやり遂げて、総飛行距離は一〇〇〇マイル（約一六〇〇キロメートル）に達していた功労者であった。この重要な輸送船に託されたのも、ひとえにその実績の故であった。

　果たして、この作戦航海で第１４０２号は異常な熱帯性暴風雨に直撃されてしまい、遭難してヒューオン湾のワドゥー・ビーチに座礁してしまう。船体は砂に深くはまり込んで、自力での脱出は不可能であった。船体には亀裂が生じ、砂混じりの海水が船内に流れ込んで、エンジンも停止した。マダンの本部との無線も途絶しているので、乗組員にとってはもちろん、物資の供給をあてにしている陸軍にとっても、極めて深刻な事態になると想像された。そのうえ運悪く日本軍に見つかってしまえば、乗組員の命も大変な危険にさらされるだろう。座礁地点はマダンから四〇マイル（約六四キロメートル）ほど離れていた。船長には迷っている時間はなく、次のメッセージを作成して、伝書鳩に託したのであった。

宛：マダン、第55オーストラリア港湾工作中隊分遣隊
発：AB1402より。日付12・7・45　エンジン故障。波が荒くWADAUの海岸にて座礁。至急救援乞う。船体に砂が侵入しつつあり。
（以下荷主の署名など）

しかし、遭難地点付近は暴風雨に見舞われていたので、伝書鳩にはあまり期待できなかった。座礁の原因となった悪天候は、マダンの鳩舎に至る飛行を極めて困難にするはずである。船に残された船員たちは、日本軍に発見されるのを覚悟しながら、船内に浸出してくる海水から貨物を守ろうと奮闘していた。

ところが、悪い予想に反して、この伝書鳩は四〇マイルの旅路をわずか五〇分で終えてしまったのである。第１４０２号の乗組員と貨物を救うべく、すぐに救難船が派遣された。乗組員たちは全員救助され、重要な貨物もすべて回収できた。それどころか曳航によって第１４０２号までもがマダンに到着している。

悪天候をものともせずに、第１４０２号貨物船を救った功績により、一九四七年二月二十六日、セント・ダンスタンズ・インテ・イーストにおいて、ＤＤ４３Ｔ１３９に対しディッキン・メダルが授与された。メダルには次のように刻印されている。

〈ＤＤ４３Ｔ１３９は、激しい熱帯性暴風雨の中で任務を果たし、重要な貨物を積んだ貨物船と乗組員の救助につなげた。その功績をここに称える〉

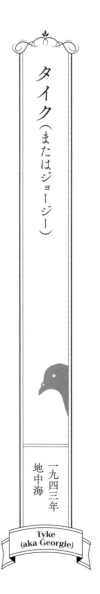

タイク（またはジョージー）

一九四三年
地中海

Tyke
(aka Georgie)

カイロ生まれのタイクは、中東鳩舎でトレーニングされた伝書鳩で、黒い雑種犬のティッチに続いてエジプトが生んだディッキン・メダル受賞動物である。一九四三年、帰巣スピードと思い切りの良さが評価されたタイクは、アメリカ空軍による北アフリカ空襲作戦に投入された。そしてタイクが割り当てられた爆撃機が故障し、パイロットは自力での基地への帰還を諦めなければならなくなった。この時のさらなる問題が天候であった。大雨で霧が立ちこめ、視界はせいぜい二マイル（約三・二キロメートル）しかないので、不時着するにしても場所を選ばねばならなかった。機長は敵地へ不時着するよりは、地中海に落ちてから航空救難に望みを懸ける方が助かる可能性が高いと決断した。

機体の高度がぐんぐんと下がる中で、四人のクルーは救難信号を発した。これを連合軍基地はキャッチしたが、受信できた位置情報は「海岸から一〇〇マイル（約一六〇キロメートル）」というものだけである。一方、海上への不時着に成功した機体では、クルーはなんとか救命

ボートにすがりついたが、まずいことにタイクは、

〈クルーは無事に救命ボートに。一〇マイル西で〉

という、不確かなメッセージを与えられただけで放鳥されてしまったのである。

爆撃機クルーは危機に瀕していた。タイクも荒れ狂う洋上に飛び立つことはできたが、最悪の天候の中を一〇〇マイルも飛ばなければならなかった。基地の側ではすぐに航空捜索を開始したが、視界が悪くて、捜索機は間もなく基地に戻ってきた。ところが捜索機が帰着すると、驚くべき知らせが待っていた。この悪天候をついて、伝書鳩が帰巣したというのだ。

早速タイクの平均飛行速度と天候の影響を加味して捜索対象範囲を絞り込むと、間もなく救命ボートが発見された。基地に送り届けられた四名のクルーは、命を救ってくれたタイクに感謝し、その思いはディッキン・メダルに繋がった。タイクに関するメダルの添え書きは、次のようなものだった。

〈一九四三年六月、イギリス空軍の指揮下、地中海に派遣された際に、極めて困難な状況で救

難メッセージを届け、搭乗員の救難に貢献した〉

ダッチ・コースト

一九四二年
オランダ

Dutch Coast

一九四二年四月十二日の深夜、ヨーロッパのドイツ占領地に対する空襲を終えた爆撃機群は、帰路を急いでいた。ところが運悪くそのうちの一機が防御砲火で損傷して、オランダ上空で高度を維持できなくなってしまったのだ。パイロットは、ドイツのＵボートが頻繁に巡回しているオランダの沖合に不時着水しなければならなかった。十三日の午前六時、クルーは機体を捨てて救命ボートに移り、自分たちのとるべき選択肢を考えていた。

海は時化《しけ》ていたので、イギリスの海岸線までオールを漕ぐのは論外である。さりとて占領下のオランダに戻ってドイツ軍に身を委ねる気にはなれない。クルーは機内からケージに入った伝書鳩のＮＵＲＰ ４１・Ａ・２１６４を回収できたので、この鳥の翼に賭けることにした。

六時二〇分、クルーは着水海域を示すメッセージを通信筒に収めると、鳩を空高く放鳥した。そして自分たちはオランダの海岸線から発見されないように、少しでも沖合に漕ぎ出ようと奮闘した。

ＮＵＲＰ・４１・Ａ・２１６４は、悪天候の中、厳しい飛行であったに違いないが、同日の午後一時五〇分、無事に帰巣した。悪条件の洋上を七時間半もかけて二八八マイル（約四六三キロメートル）も飛んで、救難メッセージをもたらしたのである。直ちに不時着海域に救難飛行艇が派遣された。この飛行距離は当時の国営伝書鳩局における最長記録であり、鳩には乗員の救助海域にあやかって「ダッチ・コースト（オランダの海岸）」というニックネームが付けられた。そして、この偉業を称えてディッキン・メダルが授与されたのである。

ライフルマン・カーン

一九四四年
オランダ

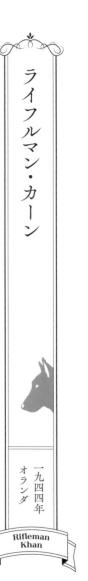

Rifleman Khan

一九四七年七月二十五日、キャメロン連隊第6大隊は、ブールグの解放者という賞賛を受けた犬とそのハンドラーを称えてラナークの町でパレードを行った。二年前に終わった戦争で、連隊はあらゆる戦場に姿を見せていた。この連隊は直接の起源を十九世紀に持つ。その伝統ある部隊のパレードの先頭に立ったのはマルドゥーン伍長で、彼の傍《かたわ》らにいた犬はライフルマン・カーンとして知られるようになった。

カーンはサリー州トルワースのレイルトン家が育てたアルザス犬で、末っ子のバリーはカーンを親友にして育った。仔犬の頃から頭が良く、訓練を確実に吸収していたカーンは、軍用犬の徴集に応じて戦争省に引き渡され、訓練所に送られたのである。カーンはここでも成績優秀で、所定コースを六週間で修了すると、ハンドラーのマルドゥーン伍長に預けられてキャメロン連隊に配属された。そして一九四四年十一月二日、オランダのワルヘレン島を攻略する歩兵部隊の一員として戦場に立ったのである。

連隊には二つの任務が与えられていた。一つはフリシンゲンの港の確保で、これに成功すればアントワープに繋がるスローエ運河沿いの塹壕に籠もるドイツ軍の観測が容易になる。同時にこの運河を使った敵の部隊移動も容易に監視できるようになる。そして二つ目は、運河によってオランダ本土と隔てられているワルヘレン島を占領することであった。

だが任務は達成できなかった。ランカスター爆撃機を投入した激しい爆撃で、約一二〇〇トンもの高性能爆弾を投下したにもかかわらず、ドイツ軍の抵抗力は落ちていなかったのである。歩兵師団を投入した最初の攻撃は、大損害を受けて失敗した。この反省から立案された新しい攻撃計画では、歩兵部隊が敵から丸見えのスローエ運河を渡って強襲しなければならず、一マイル（約一・六キロメートル）もの泥濘地を進まねばならなかった。これは歩兵部隊にとっては危険で過酷な作戦でしかない。

寒さが身にしみる十一月二日の深夜三時三〇分、キャメロン連隊の兵士たちは、上陸用舟艇に乗り込んで攻撃の時を待っていた。カーンはマルドゥーンの足に挟まれて座っていた。しかしスローエ運河の渡河中に敵に発見されるや砲撃が始まり、上陸部隊は水柱に包まれた。対岸からは機関銃の音が鳴り響き、上陸用舟艇はサーチライトに捕まるのを避けようとして、大混乱となった。カーンとマルドゥーンを乗せた船は、岸辺にたどり着きそうなところで至近弾に捉えられ、彼らは空中に放り出されてしまった。運河に落ちたカーンは、砲弾と銃弾の雨の中を必死に対岸にたどり着き、這い上がろうとした。

しかし岸辺の泥濘はひどく、カーンの前脚は泥の中に深く沈み込んでしまった。周りの兵士も腰まで泥にはまっている。重装備で身動きが取れないのだ。カーンは泥の中でもがきながらなんとか乾いた高台にたどり着いた。泥の中を這いずりながら対岸を目指す兵士と戦死者はもはや見分けも付かず、一帯は地獄と化していた。そんな中で、カーンはマルドゥーン伍長を必死に探していた。叫び声や命令を発する怒鳴り声、激しい砲火、沈没しかけた船、ありとあらゆる騒音を集めたような混沌の中で、遂にカーンはマルドゥーン伍長の声に気が付いた。

運河に投げ出された伍長は、泥に脚を取られて泳ぐことができず、なんとか頭だけ水面に出して息をしている状態であった。泥水を飲み込みながら助けを求めていたが、誰にも助けに行く余裕はなかった。しかしカーンは違う。ためらいを見せずに声のする方に走り、運河に飛び込むと、泥水をかき分けて泳ぎ出した。そしてかろうじて波間に顔を出しているハンドラーのチュニックの襟に噛みついて、力一杯引っ張ったのだ。マルドゥーンの足はなかなか泥から抜けなかったが、遂に彼の身体がゆっくりと動き出した。

マルドゥーンはカーンの邪魔にならないよう身を委ね、敵の砲火の中でようやく無事に岸辺までたどり着いた。疲れ果てて倒れ込む彼らだが、休んでいる余裕はない。身体を振って水を払い飛ばしたカーンは、泥水を吐いているマルドゥーンを乾いた地面まで引きずっていった。そして堤防にたどり着いた時には、カーンは息も絶え絶えで、瀕死状態になるほど疲れ果てていた。キャメロン連隊では、この攻撃で多数の兵士が戦死していたが、もしライフルマン・カーンの献身がなければ、マルドゥーンも戦死者リストに加えられていたに違いない。メダルの添え書きは次のようにある。

〈一九四四年十一月、キャメロン連隊第6大隊にて、ワルヘレン島での激しい砲火の中、溺れかけていたマルドゥーン伍長を救助した功績に対して〉

マルドゥーン伍長とライフルマン・カーンは戦争を生き延び、一九四六年に退役した伍長は、スコットランドのストラスヘブンで製鉄工と大工に復帰した。彼はカーンを自分が引き取りたいという請願の手紙を戦争省に何通も書いていた。しかしレイルトン家も引き取りを望んでいたために、マルドゥーンの請願は却下されていた。戦争中に小児麻痺にかかったバリーが、カーンを必要としていたのだ。

一九四七年七月、ウェンブリー・スタジアムで開催されたナショナル・ドッグ・トーナメントにライフルマン・カーンが招待された折に、レイルトン氏は当日のパレードでカーンを先導してくれるよう依頼する手紙をマルドゥーン宛に送った。元伍長はこの依頼に二つ返事で応えた。そして再会を果たしたマルドゥーンとライフルマン・カーンの歓喜の様子を見たレイルトン氏は、退役伍長の手を握り「彼は貴方と共にいるべきですね」と告げたのであった。

ネイビー・ブルー

一九四四年
フランス

Navy Blue

一九四四年六月、イギリス空軍に所属する一羽の伝書鳩が、負傷しながらもフランスの海岸を襲撃した部隊からの重要なメッセージを持ち帰った。

同空軍で訓練されたこの伝書鳩は戦時中、海難救助で優れた飛行記録を残しており、NPS・41・NS2862というコードと並び、ネイビー・ブルーのニックネームで知られていた。そんな勇敢な伝書鳩であったため、フランス西海岸での強行偵察部隊に同行する鳩として選ばれたのである。海から上陸した偵察部隊は、迅速に内陸部に移動して情報収集を行い、その報告をネイビー・ブルーがプリマスの作戦本部に届ける手はずであった。しかし任務地点から基地までは二〇〇マイル（約三六〇キロメートル）以上の距離があった。

ネイビー・ブルーが部隊に預けられたのは一九四四年六月十五日であったが、イギリス海峡の天候が悪かったため、作戦は十七日の夜まで延期された。そして日付が変わった直後の十八日午前零時に上陸した偵察隊員たちは目的を完遂すると、早速ネイビー・ブルーに報告任務を託した。重要なメッセージを携えた伝書鳩は、午前二時五〇分にプリマスに帰巣した。ところがその姿は瀕死寸前の状態であった。おそらく放鳥の直後に猛禽に襲われたのだろう。

ネイビー・ブルーがもたらしたメッセージは、情報部を大いに助けることになる。重傷を負いながらも帰巣した伝書鳩は、幸いにも負傷を回復することができた。そして一九四五年三月にネイビー・ブルーはディッキン・メダルを授与されたのであった。

第二章

本土防衛戦

2. The Home Front

レックス

一九四五年
ロンドン

Rex

戦時中のロンドンでは、空襲で倒壊した建物で生き埋めになった生存者を捜索するために、多数の救難犬が投入された。アルザス犬のレックスも、そんな捜索に活躍した一頭だ。レックスは一九四五年一月、まだ訓練を受けていないにもかかわらず、空襲で破壊されたランベスの町の家屋から、生存者を発見したのである。瓦礫まみれになった街路で任務にあたっていたレックスは、爆弾で空いた大穴の縁で、誰かが生き埋めになっているのを示すサインを出した。しかし要救助者がいる様子はうかがえなかったので、まだ訓練が終わっていない救難犬のしぐさということもあり、捜索隊は特に関心を持たず、レックスを少し離れた場所に移動させようとした。

ところが現場から離されそうになると、レックスは明らかに不満を見せ、柔らかい土の部分を激しくひっかき始めたのである。この様子に只事ではないと判断した捜索隊は、レックスと一緒に地面を掘り始めた。すると間もなく、はっきりと分かる血液が付着したレンガが見つかり、さらに掘り進むと、崩れた壁と新たな血痕が発見されたのである。しかしレンガを掘り出し続けても、人が埋まっている気配はない。さすがに疲れたのか、レックスは少し休んだが、元気を取り戻すとすぐに瓦礫を掘り始めた。やがて捜索隊がマットレスの一部が露出しているのを発見すると、レックスはそのマットレスに激しく噛みつき始めた。やがてマットレスの下から埋もれた状態の住人が発見された。残念ながら遺体となっていた住人が、パジャマ姿で発見されたのである。

同年の三月、レックスは他の救難犬と共にV1飛行爆弾で破壊されたばかりの、煙がくすぶっている工場に派遣された。犬に限らず、多くの動物にとって炎は恐怖の対象でしかない。そこでレックスは最初、まだ火災が及んでいない建物を捜索するよう指示された。レックスは忠実に命令をこなし、救助隊は要確認地点をしらみつぶしに調査した。続いてレックスには、炎が近づきつつある場所が割り当てられたが、そこが崩れ始めたために、レックスを退避させねばならなくなった。ところがレックスは持ち場を離れようとしなかった。救助隊員はレックスを強引に引きずり出そうとしたが、レックスは興奮状態になって抵抗した。この勇気と任務への献身は、驚くべきものである。レックスにとっては、生き埋めになったり、命が危険にさらされている人々を発見したいという気持ちの方が、生存本能を上回っているかのようであった。彼の行動は、そんな自己犠牲の精神によって裏付けられていたものなのであった。

その後、懸命な消防活動によって鎮火した工場の破壊跡地に、レックスは再び戻された。瓦礫はあちこちでまだ強烈な熱を帯びていたので、消防隊員は放水を続けていた。犬にとって熱い地面が残る場所での任務は極めて危険である。しかしレックスはひるまずに瓦礫の上を進み、現場に戻ってからわずか四分の間に五名の犠牲者を捜し当てた。こうしてレックスが現場に戻って一五分のうちに遺体を回収できた。

二日後、火災の熱が完全に消えた後で、レックスはまた同じ工場の破壊跡に帰ってきた。実はこの間に、別の現場で捜索をしていたレックスは、漏れ出したガスを吸い込んでしまい、ひどい後遺症に苦しんでいた。嘔吐を繰り返す姿を見れば、レックスに捜索をさせるのは危険であるのは明らかである。ところが現場に到着すると、レックスは体調不良をおして捜索を開始しようとしたので、ハンドラーは苦労してレックスを引き離さねばならなかった。

ステップニーの倒壊したアパートがレックスの戦中における最後の仕事場となった。この地域の被害は甚大だった。現地入りしたレックスは到着するや倒壊しかけた建物の階段に飛び込みそうになったため、ハンドラーは慌てて停止命令を出さねばならなかった。続いて、死傷者が出ていると予測されるアパートの瓦礫に放たれたレックスは、一直線に階段の吹き抜け部分に走り込んだ。捜索隊が後に続くと、そこには数人の遺体が折り重なっていた。

この驚くべき救難犬は、戦時ばかりでなく平時にも市民生活に貢献していた。一九四七年、カンブリア州ホワイトヘイヴンのウィリアム炭鉱で崩落事故が発生し、レックスに出動要請が出された。事故の発生は八月十五日の午後五時四〇分、石炭の粉塵への引火による典型的な粉塵爆発であった。救助活動を担当する国家石炭委員会のJ・G・ヘルス地域本部長が出した事故詳細の第一報では、炭鉱内には一二一名（後に一一七名に修正）がいると伝えている。このうち三名が自力で脱出し、少なくとも七名が無事との状況が判明した。そして、一〇四名の死亡が確認されて、六名が未確認という状況で、レックスが投入されたのである。八月十九日、レックスは同じくディッキン・メダルの受賞犬であるジェット（八八ページ）と共に、まず炭鉱を想定した捜索訓練を受けていた。レックスは炭鉱を想定した現場で瓦礫の中から男性を発見して試験をクリアし、ウィリアム炭鉱の事故現場にジェットと一緒に派遣された。そして落盤事故を起こした坑道内の捜索という困難な任務に挑んで、残りの六名の遺体を探し出したのである。

レックスの経歴がユニークなのは、まだ訓練を終えていない段階で出動した現場で活躍した時のように、専門家でさえ見落としてしまう瓦礫の中の要救助者を見出す才能に、抜群に恵まれていたことであった。戦時中に活躍したディッキン・メダル受賞動物には、それぞれの貢献内容に関する報告書が作成されているが。レックスの報告書は次のようになっていた。

〈彼は自分に何を求められているのか、十分に理解していたのは間違いない。捜索作業に強い意志を持って取り組み、頻繁に成果を上げている。時には燃えさかる瓦礫や濃い煙、熱気の中での捜索も強行された。散水ホースによる支援を待たずに危険な瓦礫に躊躇なく挑み、閉じ込められてしまった要救助者の手がかりを探し出そうとすることもあった。行方不明者の正確な位置を示すことで、救助や捜索作業は適切に進められた。彼は事故の処理にかかる厖大《ぼうだい》な時間と労力の節約にも、大いに貢献したのである〉

アップスタート

一九四四年
ロンドン

Upstart

第二次世界大戦中、ロンドンのハイドパークにはブリッツ空襲から市街地を守るために、対空砲台が設置されていた。毎晩のようにやってくる空襲のたびに、対空砲は砲身が焼けただれるまで砲撃を続けていた。この砲台に隣接するように、ロンドン市警の厩舎があったが、砲撃のたびに厩務員はエサを与えるなど、あの手この手で馬たちを落ち着かせなければならなかった。この厩舎にいたアップスタートという馬が、ディッキン・メダルの受賞動物となるのである。

ある夜、厩舎に爆弾が命中した時、アップスタートは慌てるそぶりさえ見せず、煙と騒音の中で静かに立って救出を待っていた。アップスタートはイーストエンドの新しい厩舎に移されたが、今度は至近弾によって厩舎の一部が破壊されてしまう。厩舎の中では、互いに興奮した馬が暴れて収拾が付かなくなり、救助に駆けつけた厩務員が怪我を負っていた。ところがアップスタートだけはパニックにならず、連れ出されるまで平然としていたのである。

アップスタートを乗馬としていたハックニー地区担当署のモーリー警部は、ベスナル・グリーンをパトロール中に目の前に落ちてきたV1飛行爆弾の爆発に巻き込まれた。ところが爆風でガラスやレンガが飛び散る中でさえ、アップスタートは動じるそぶりも見せなかった。モーリー警部は現場に急ぐためアップスタートに速歩を命じると、馬は素直に応じて、真っ先に爆発現場にたどり着いたのである。警部は野次馬の交通整理にかかり、初動が早かったおかげで救急車や捜索隊の仕事が円滑に進められた。もしモーリー警部とアップスタートの活躍がなければ、犠牲者はもっと増えていたに違いない。

戦火の中でも冷静に行動し、ロンドン空襲の犠牲者の救難に貢献したアップスタートは、一九四七年四月十一日にディッキン・メダルを授与されたのである。

リップ

一九四〇年
ロンドン

Rip

戦争初期、イーストエンド一帯はヘルマン・ゲーリングが指揮するドイツ空軍のロンドン空襲における主要な爆撃目標になっていた。武器や食糧、医薬品が集積する港湾施設が狙われたのだ。一九四〇年九月、空襲監視員のキング氏は、このイーストエンドの港にある空襲用シェルターの中で、腹を空かせておびえている犬を発見した。この犬が気になっていたキング氏は空襲の合間を見て、飼い主を探したが、誰も名乗り出てこなかった。捨て犬であったか、あるいは飼い主が死んでいたのだろう。

すでに成犬になっていたので、エサと水を与えれば去ってしまうだろうとキング氏は思っていたが、リップは新しい飼い主を得たと思ったようで、港湾施設での仕事に従事する新たな飼い主の傍らにいるようになり、互いに親密な関係を築くようになった。キング氏にとって、この新しいパートナーはやがてかけがえのない存在となった。

〈リップは、瓦礫に生き埋めにされた人を探すのが上手くてね。警報や爆撃、対空砲火、そして焼夷弾が降り注ぐ危険な日々、いつも私の傍らにいて、邪魔にならないようにしながらも、自分の役割を果たすことに熱心に取り組んでいたんだよ〉

リップはやがて、市民防衛隊にとっても不可欠な戦力となった。彼は爆撃地点で瓦礫の下敷きになった死傷者を、常に一番最初に見つけ出して監視員に知らせたのである。

リップが加わる前には、生存者のうめき声くらいしか捜索の手がかりはなかった。しかしロンドン空襲がもっとも激しくなっていた時期に現れたキング氏とリップのコンビは、戦災の犠牲者を一刻も早く見つけ出す警報装置の働きをしたのである。リップの実績に関心を示した戦争省は、救難犬の訓練学校を設立し、リップは各地の民間防衛隊のマスコットのような存在となった。キング氏は途方に暮れてうずくまっていた犬を救ったことで、リップだけでなく、彼の後進となった犬たちに捜索犬として活躍する道を拓いたのである。

キング氏はリップの訓練の様子を次のように説明している。

〈今でこそ、救難犬のための適切な訓練があるけど、リップは犠牲者の居場所を自力で突き止めた初めての犬なんだ。彼は五年も現役で活躍したけど、リップのしぐさの意味を見分けるのは苦労したよ。おかげで私は任務の際、リップが何かを探し当てた姿を見れば、瓦礫の中に誰かが閉じ込められていると分かるようになったんだ〉

リップの年齢は不詳である。戦争中に多くの人命を救った捜索犬であったが、一九四六年の秋、体腔や各部体組織に大量の水が溜まる病気に罹《かか》り、出血が止まらず命を落とした。リップは、イーストエンドの多くの人々の命を救った功績によりディッキン・メダルを授与された。もしリップがいなければ、イギリスは空襲監視員の組織に捜索犬を加えるというアイデアに至らなかったかもしれない。このような捜索救難活動の礎となったリップの貢献度は、極めて大きなものであったと言える。

リーガル

一九四一～一九四二年
ロンドン

Regal

リーガルは鹿毛《かげ》の牡馬で、二度もディッキン・メダルを授与された警察馬だ。リーガルの世代の馬は、外地の戦場などにおける困難な状況での英雄的な振る舞いを評価されるのが常であったが、リーガルは内地で評価された珍しい馬である。

リーガルはマスウェルヒルの厩舎に配属されていた。一九四一年四月十九日の夜、ドイツ軍機が落とした爆発性の高い焼夷弾がこの厩舎の飼葉室に命中した。またたくまに厩舎は燃え上がったが、厩務員も警察官も出動して出払っていたにもかかわらず、リーガルは迫る炎を前にパニックにもならずに、落ち着いた様子で安全な場所まで誘導されていった。火災や騒音、煙、熱などの周囲の状況を考えれば、リーガルの反応は驚くべきである。もしリーガルがもがき苦しみ、暴れていたら、他の馬をさらなるパニックに追いやって、救助者を危険にさらしていたに違いない。

三年後の一九四四年七月二十日、リーガルが暮らしていたマスウェルヒルの厩舎の至近で、

Ｖ１飛行爆弾が炸裂した。被害は甚大で、リーガルの上に屋根が崩れ落ちてきたが、幸いにも軽傷で済んだ。今回もリーガルは慌てた様子を見せず、安全な場所に連れて行かれるのを、壊れた厩舎の中で待っていた。ＰＤＳＡがメダルを授与する基準は、訓練によって期待される以上の勇気を発揮することであるが、リーガルの受賞理由は次のように説明されている。

〈リーガルは、マスウェルヒルにて爆弾による厩舎の火災に二度も遭遇した。軽傷を負い、瓦礫を浴びて、炎が間近に迫る危機の中でも、リーガルは慌てるそぶりも見せなかった〉

戦後、リーガルは人気者となり、ロンドンの小中学生なら誰でも知っている、愛される馬であった。一九四七年、リーガルは、マスウェルヒルの同僚の馬であるレナードやニンフと一緒に、トッテナムに移送された。この場所で、リーガルはヘクター・プール警視の乗馬となり、定期的に町のパトロールの任務に就いた。地元の子どもたちはリーガルに会ってエサをあげるために、自分のお菓子を諦めるほどだったと伝わっている。

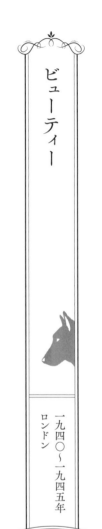

ビューティー

一九四〇〜一九四五年
ロンドン

Beauty

ビューティーは、ＰＤＳＡの救難部隊と行動を共にして、空襲に遭って生き埋めにされた被害者を発見する任務のパイオニアとなった犬だ。

ビューティー、またはティペラリー・ビューティーは、ロンドン空襲で生き埋めとなった犠牲者の発見に尽くした、ワイヤーヘアーのテリア犬である。ＰＤＳＡの要職を務めていたビル・バーネット氏の犬でもあり、ビューティーは毎晩のように実施されたロンドン空襲によって倒壊する建物の騒音や、死臭が充満する市街地にあっても動じない、落ち着いた性格を備えていた。

それればかりか、恐怖の中でも冷静さを保ち、卓越した勇敢さで任務をこなし続けた。空襲の最中でさえ、生き埋めになった人々の捜索に駆り出され、活躍していたのである。捜索犬としてのビューティーには、二つの際だった特質があった。一つは人間ばかりでなく、生き埋めになった動物の発見能力が優れていたこと。これは他の捜索犬にはない能力であり、特に専門の訓練が施されていたわけではなかった。にもかかわらず、ビューティーは捜索現場で多くのペットを探し当てた。空襲と破壊の混乱の最中に、多くのペットや動物を、絶望の暗闇から救ったビューティーの業績は、評価しきれないほど重要なものであった。開戦後、PDSAは空襲などの戦災で負傷した動物を治療するための救急部隊の創設に資金を投入した。この部隊はボランティアによって運営され、人間の救難救助と死傷者発見の後に、捜索犬の力でペットなど動物の捜索を行うというものであった。彼らは爆発孔や破壊された建物から負傷した動物を救い、主《あるじ》を失ったペットを世話したのである。

ビューティーの最初の活躍は、爆撃で倒壊した建物からの猫の救出であった。バーネット氏が指揮する救助隊に加わっていたビューティーは、爆撃でめちゃくちゃになった現場で隊員たちの居場所から少し離れると、猛然と地面を掘り始めた。異変に気付いたバーネット氏と救助隊員が駆けつけて、一緒になって瓦礫を掘り進めると、水に浸かったテーブルの下で難を逃れた猫が発見された。この時に救出された猫は、ビューティーが救った六三体の動物のうちの第一号であった。

ビューティーの活躍は高く評価されたが、瓦礫だらけの現場は危険が多く、任務の度に、彼の四肢は傷だらけになり、腫れ上がった。これを心配した関係者は、当時貴重品の革を使ってビューティー専用のブーツを用意した。また献身的な活躍を称えて、ヘンドン市の副市長は、通常は人間にしか与えられないパイオニア・メダルと、感謝の辞を刻印した銀製の首輪付きマウント・メダルを贈呈した。さらにマンチェスターのホランドパークでは、彼女にすべての樹木の使用権が与えられた。つまり、この公園で放し飼いを許された唯一の犬となったのである。ビューティーはロンドンの人気者となり、戦時債券の広告パレードにも頻繁に招かれた。そして一九四五年一月十二日、遂にビューティーはディッキン・メダルを授与されたのである。動物たちを救うというビューティーの功績は、その飼い主たちにも深い影響を与えた。空襲で家財を失った人々は、ペットが救われることで精神的な立ち直りが早くなることが分かった。彼女の動物救難能力は、市民生活に計り知れないほどの恩恵を与えたのだ。

シーラ

一九四一年
チェヴィオット丘陵

Sheila

　コリー犬のシーラは、軍隊とは関係のない民間の動物として初めてディッキン・メダルを受賞した。彼女はノーサンバーランドで働く予備役の牧羊犬であったため、軍の徴発を免除されていたのである。主人で羊飼いのジョン・ダグ氏と一緒に、シーラは人里離れたチェヴィオットの丘陵地帯で、羊を追って暮らしていた。

　一九四一年十二月七日、日本軍が真珠湾を奇襲攻撃したことで、アメリカが世界大戦に参戦した。その結果、アメリカの陸軍航空隊がイギリスに駐屯し、ノーサンバーランド周辺の山々で飛行訓練を繰り返すようになった。ところが一九四一年十二月、目も開けられないような猛吹雪の中、第8空軍所属のB－17爆撃機が、チェヴィオット丘陵にあるレイデン・クラッグスという辺鄙《へんぴ》な場所で墜落事故を起こしたのだ。この丘陵地帯を良く知る地元の男たちが、ただちに捜索隊となって現場に向かった。この中にシーラを連れたジョン・ダグ氏の姿があった。もし生存者がいても、氷点下の悪天候の中を一晩生き延びるのは困難である。

救助を急いだ一行は墜落現場に近いと思われる丘にたどり着いたものの、視界が悪くて何も見えない。ただシーラだけは、何かを感じたのか、興奮した様子で吹雪の中に飛び込んでいった。

やがてシーラは、小さな谷間に避難して、身を寄せ合っている爆撃機のクルーを発見した。シーラの姿を見て、救助隊が来たことが分かったアメリカ人たちは、一斉に助けを求めて大声を上げたが、強い風にかき消されて、捜索隊には届かなかった。そこでシーラは、いったん要救助者たちの元を離れて、主人のもとに戻ると、救助隊を小さな谷間まで誘導したのである。シーラがいなかったら、救助隊はアメリカ人を発見できず、彼らは全員、怪我や低体温症で落命していたに違いない。

この功績は王室の耳にも届き、ジョン・ダグ氏には大英帝国メダルが授与された。そしてシーラの功績に対して、内務省は彼女に連合軍マスコット・クラブの栄誉会員証を与え、ディッキン・メダルに推薦した。一九四四年七月には、アメリカ第8空軍とイギリス航空局の代表団が、シーラにメダルを授与するためにノーサンバーランドを訪れた。しかしこのような形式張った儀式に馴染んでいないシーラは、メダルを首輪に付けようとすると、仰向けに寝転がって抵抗したと言われる。

シーラの物語はアメリカにも伝わった。そして不幸にもこの墜落事故で殉職したクルーの両親が、息子の戦友でもある生存者を救った牧羊犬に強い関心を抱き、シーラの仔犬を自分たちに譲って欲しいという手紙をワシントンの関連部局に送った。その依頼がイギリスの内務省経由で、連合軍マスコット・クラブにも伝わると、ティピーと名付けられていた白色の美しいコリーが、ノーサンバーランドからロンドンに運ばれ、そこからサウスカロライナ州まで飛行機を使って送り届けられた。シーラの仔犬は、墜落事故から助けられなかった兵士の両親の元で、大切に育てられたのであった。

ピーター

一九四五年
ロンドン

Peter

ピーターは、動物のヴィクトリア十字勲章にもっとも似つかわしくない犬かもしれない。

一九四一年に生まれたこのコリーの仔犬は、ケンカが大好きで、触れる物は何でも壊す「四本足のギャング」という悪評で知られた犬であった。飼い主のステイブルズ夫人は、一九四四年に戦争省が動物の供出を求めているのを知ると、規律正しく働ける現場がピーターには不可欠と考えて、彼を供出した。

同年九月、政府の登録を受けたピーターは、戦争省管轄の鉄道三等貨車に乗せられて、グロスターシャーのスタバートンコートに設置された警備犬訓練所に向かっていた。そして、飼い主に手を焼かせてきた犬を捜索犬に鍛え上げる厳しい訓練の中で、ピーターにはこの方面のずば抜けた才能があることが分かったのである。彼は目覚ましい勢いで技術を吸収し、危険洞察能力を開花させた。訓練を修了したピーターは、戦闘状況下での冷静な行動力と、空襲時の人命救助の働きを期待されていた。そして2664／9288という救難犬番号を与えられると、アーチー・ナイトの指導の下で、一四匹の捜索犬と共にチェルシーの民間防衛局に配属されたのである。

戦争後半の時期のイギリス本土は、V1飛行爆弾に脅かされていた。これが市街地に落とされると、巨大なクレーターを作るほどの爆発を起こして、広範囲の住宅を破壊してしまう。ロンドンおよび周辺の市民防衛隊本部は、瓦礫や倒壊家屋の生き埋めになった要救助者を迅速に救い出せるよう、捜索犬を導入した。ピーターはこの組織において卓越した働きを見せたのである。ときには九時間も休みなしで被災地を捜索し、ハンドラーの命令は一度も拒否しなかった。彼が所属した捜索犬グループでは、六時間休んでから現場に戻り、二時間働くというのが基本的なローテーションであった。「彼がハンドラーに伝える情報は、迅速かつ正確で、人命救助に直結していた」と、ピーターの公式記録には記載されている。

とある救難活動中、ピーターが激しい反応を見せた場所があったので、いつものように救助隊が瓦礫を掘り進めると、崩れたレンガの壁の下から、罵声混じりの騒々しい声が確認できた。慌てた救助隊が猛然と掘り進めると、なんと瓦礫の下から、明らかに激怒した、しかし元気な様子の大きなオウムが見つかったのである。

ピーターの最高の仕事は、一九四五年四月上旬の任務において、二人の人命を救助したことである。アーチー・ナイトは、戦時中の活動を記した日記の中で、この出来事に触れている。

〈彼が最高の仕事をしたのは、確か月曜日のこと。事故発生から二〇時間後、激しい雨の後で、現場に呼ばれた時は三名がまだ見つかっていないということであった。彼はすぐに要救難者のサインを示し始めたのだけど、そこは見るからに救助とは関係なさそうな場所だ。ところが、本当にそこから男女が見つかったんだ。大雨の後で、瓦礫しか見えないのに、本当に良くやってくれたと思う。その翌日も我々は別の現場に集められた。この地区での捜索作業には、ピーターが指名されることが多くて、一〇時間も働くことがあったけど、彼は一度も嫌がらずに、全力を尽くしてくれた。彼のマークした場所からは、必ず死傷者が見つかった。翌日の働きだって、もう英雄と呼ぶほかないほど献身的で、六時間後には、彼をこれ以上働かせるのを止めねばならなかった。私は彼を酷使したくなかったのだけど、かといって、彼を必要としている救助隊の気持ちも分かるので、辛かった。彼はどんなに疲労困憊していても、任務中は弱音を吐かず働き続けていた〉

この回想からも、救難犬をはじめ、様々な動物がいかに戦争の中で働き、高い評価を得ていたのか、その一端が窺える。一九四五年五月、ピーターは戦争の最末期に発射されたV1飛行爆弾の着弾現場に立ち会い、自宅の瓦礫に押しつぶされていた少年の命を救った。現場に到着したピーターは、即座にどこを掘るべきかマークし、その数分後に少年が助け出されたのである。

ただ一度だけ、ピーターが任務を拒否したことがあった。戦争の末期、チェルシーの市民防衛隊に所属する捜索犬のテイラーと共に爆撃現場に到着したところ、二匹ともハンドラーの指示に従おうとしなかったのである。この時の二匹は体調が優れないのだろうと判断されて、本部に戻された。

アーチーも、テイラーのハンドラーを務めていたローウェも、担当の捜索犬の不可解な行動に答えが見いだせなかった。しかし意外な理由にローウェは気付く。敵の攻撃による混乱で、この三日間、捜索犬用の肉入り配合食が届いておらず、ビスケットしか与えられていなかったのだ。このビスケットは、現場に出ない休暇期間中の食事であったため、食事が変わったことで、ピーターは休暇に入っているのだと勘違いしていたのである。

戦争が終わると、ピーターは市民防衛隊に推薦されて、国王一家列席の下、ハイドパークでのパレードを先導する役を与えられた。ところがピーターはこの大役の名誉をまったく気にするそぶりもなく、王妃がまとった毛皮のコートに興味を惹かれていた。「彼はきっと兎だと思っているんだよ」と国王のジョージ六世は、ピーターの様子を楽しんでいた。

戦後、ピーターは山岳救助犬に職を変えて活躍し、スタバートンコートでは教範犬を務めた。そして一九四五年十一月十二日、ロンドンの瓦礫の中から多数の人命を救助した功績により、ディッキン・メダルを授与された。ステイブルズ夫人が手に負えなくなって手放した仔犬は、卓越した技量で国に貢献したのであった。

一九五二年十一月、ピーターはノッティンガムのＰＤＳＡの施設で息を引き取った。そしてユニオンジャックに包まれた棺に納められて、イルフォード・エセックスの動物墓地に埋葬されたのであった。

オルガ

一九四四年
トゥーティング

Olga

〈トゥーティングに落下した爆弾が四軒の家屋を破壊した時、そこから一〇〇ヤード（約九〇メートル）ほど離れた場所にその馬は居合わせていた。そのオルガという馬は目の前のガラス窓がめちゃくちゃに割れるような衝撃を受けたが、すぐに立ち直ると、彼女の乗り手と共に交通整理や救助隊の支援を始めたのであった〉

オルガは十二歳の牝馬で、戦時中はスコットランド・ヤードに所属していたが、同僚の中で最後にディッキン・メダルを受賞した馬となった。一九四四年七月一日、オルガはその日に臨時で担当となったJ・E・スウェイツ巡査の乗馬としてトゥーティングをパトロールしていた。その時、彼らの頭上に飛来したV1飛行爆弾のエンジンが停止したことにスウェイツ巡査は気付いた。V1飛行爆弾はエンジンを停止した直後に着弾して爆発することを、ロンドン市民は身にしみて知っていた。この原始的な巡航ミサイルは多くの人命を奪い、建物や家屋に甚大な物的被害をもたらした。V1飛行爆弾が爆発すると、破壊力を伴う凄まじい爆風が周囲に波紋のように広がる。そして爆心地は真空状態となり、今度は周りの空気が逆流して周期的な押し引きの波が発生し、爆風で傷んだ建物にとどめを刺すのである。爆心地の周辺では、窓ガラスやドアが破壊されて、破片が宙を舞う地獄となる。

パトロール中のオルガとスウェイツ巡査は、V1爆弾の着弾現場に居合わせ、四軒の家屋を倒壊させた爆風に巻き込まれたのであった。爆心地から七五ヤード（約六八メートル）の範囲にはガラス片が散乱していた。さしものオルガも、足元で割れるガラスの音に驚き、巡査を乗せたまま現場から逃げてしまう。しかしスウェイツ巡査がオルガを落ち着かせると、すぐに応えて、現場に引き返した。落ち着きを取り戻したオルガはその後、模範的な行動をとり、交通整理や救助の妨げになる野次馬の排除をしながら、捜索・救難活動を支援したのである。

オルガは爆心地付近に居合わせていたにもかかわらず、すぐに仕事に復帰して重要な任務をこなした勇気を評価されて、一九四七年四月十一日にディッキン・メダルを授与されたのであった。

イルマ

一九四四〜一九四五年
ロンドン

Irma

爆撃などで倒壊した建物からの人命救助や遺体捜索に、捜索犬が役立つという発想を、イギリス政府、戦争省のどちらも開戦前には抱いていなかった。爆弾の炸薬と倒壊した建物の埃や煤に、様々な木材や金属が燃えた後の臭いも混じる環境では、犬の嗅覚は限界があるというのが常識であった。しかもガス管や水道管の破壊も加われば、地中に埋もれた人々や遺体を、犬の嗅覚で探すのは不可能と考えるのも仕方のないことである。本書では、そのような先入観を変えるために、ビューティーの功績を紹介したが（七〇ページ）、マーガレット・グリフィン夫人のイルマも、多大な貢献をした従軍動物である。

イギリス空軍省は開戦以来、飛行場や軍事施設の警備目的で訓練された警備犬の働きを認め、ボールドウィン大佐の管轄で、小規模ながら警備犬学校を創設した。もっとも予算はわずかであり、雇用されたマーガレット・グリフィン、チャールズ・フリッカー、ビル・バローの三名が、犬舎の建設や訓練プログラムの作成などに携わるといったものに留まっていた。グリフィン夫人は、学校の設立業務の間、自分で飼育している仔犬を連れていた。その仔犬の名はイルマ。マーガレット・グリフィン夫人は著名なブリーダーであり、イルマの血統は折り紙付きであった。やがて訓練所が稼働すると、イルマは間もなく優秀な訓練成績で頭角を現し、特に死傷者の生死を見分ける特別な才能を発揮した。他の犬より任務の理解度が高いと判断されたイルマには、ハンドラーに情報が正しく伝わるように、もし死傷者が生きているなら強く吠え、亡くなっているなら座って尻尾を振るという専用の警告ルールまで考案された。

イルマのハンドラーはグリフィン夫人が担当し、V1飛行爆弾の犠牲者の捜索能力を期待されて、ロンドンに配置された。グリフィン夫人は、イルマとのチームの他に、プシュケという別の捜索犬との奮闘の記録も残している。以下はその記録の一部抜粋である。

〈一九四四年十月三〇日――午前一時二〇分、ウエストハムのメリーランド・ポイントに到着。イルマもすぐに到着。彼女は三人の子どもが閉じ込められた地下室を発見し、私を誘導した。救助隊はただちに作業にかかったが、子どもたちは瓦礫の中で亡くなっていて、救いの手は届かなかった〉

〈一九四四年十一月二十一日――一二時三〇分、ウォルサムストウにロケットが墜落、一三時三〇分に現場に到着。四軒の家屋が完全に破壊されて、一二軒が大破。周辺の水道管はほぼ壊れて、瓦礫の下ではひどいガス漏れが発生している。現場の状況は最悪だった。壊れたガス管からは、有毒ガスが倒壊家屋の中に流れ込んでいると思われた。イルマが行動開始。ガス臭の中で、彼女は倒壊家屋の奥をサインした。建物の正面から腹ばいになって床下に潜り込む。イルマがサインした地点の下の死角になっているところで、イルマは座り込んだ。その下、細かい瓦礫や土砂を四フィート(約一・二メートル)掘り進んだ場所から、女性と子ども二人の遺体が発見された〉

埋まっている遺体を発見した動物が賞賛されるのは当然だが、このような危険な場所に生身で入って救助活動に取り組んだグリフィン夫人のような人々がいたことも決して忘れてはならないだろう。

〈一九四五年一月二十日——二一時ちょうど、トッテナム、オズボーン・ロードに連絡あり。一号棟でイルマは二名の遺体を発見。二号棟では倒壊した家屋から火災が発生していたが、類焼する前に建物の一部でイルマが活動。煙に苦しめられたが、家族五名が救出された。三号棟では瓦礫の上でイルマが強いサインを出し、救助隊は生きている猫を発見した〉

〈一九四五年一月二十七日——厳しい寒さ。雪が降っていた。（中略）犬と一緒に（九〇～九二号室の）床下の空洞に入る。プシュケは吠えながら下に降りていく。イルマは私のちょうど下にあった瓦礫をマークすると、そこから寝具が見つかった。私はこれを掘り起こすべきと判断し、救助隊も同意。掘り進めたところ、成人男女の遺体が発見された。この場所から九四号室の確認を依頼されたので、イルマが調べてみると、人間の気配をサインした。風向きを考慮して、指示地点から少し戻り、風上に向かって作業できるよう調整した後で救助隊が掘り進めると、四フィート奥に成人女性の遺体が見つかった〉

ある時には、瓦礫を横切ろうとしていたイルマが突然大声で吠え立て、地面をひっかき始めたことがあった。これは「生存」を示すサインなので、救助隊はイルマを信じて作業にかかった。残骸を除去して掘り進み、遂に発見されたそれは生気のない遺体であった。イルマには珍しい誤判断と思われたが、その遺体の顔や手をイルマは必死に舐めながら、ハンドラーに何かを訴えていた。そこで半信半疑に蘇生を試みると、なんと、その遺体は意識を取り戻したのである。

一九四五年三月、ある空襲現場でまだ行方不明者が残っているという連絡があり、グリフィン夫人は現場に召集された。するとイルマとプシュケが一緒になって、突然、瓦礫のある一点に飛び出した。果たしてその瓦礫の下には崩れた床面があり、そのさらに下に女性が生き埋めになっていたのだ。空襲から九時間が経過しても、まだ女性には意識があったが、痛ましいことに彼女は暗闇の中で死んだ息子を抱いていたのであった。瓦礫の下に床面があるかどうか、救助隊には判断できない。しかしイルマとプシュケは、瓦礫の中に隠された女性のわずかな気配を感知したのである。そしてこの発見現場からほんの数メートルの場所に、イルマはもう一人の要救助者を見つけ出した。瓦礫を取り除いていくと小さな空洞があったが、そこから小型のコリー犬が飛び出し、埃や煤を落とそうと激しく身体を振り始めた。救助隊の仕事の大半は、瓦礫から遺体を運び出すことばかりなので、人間でなく動物でも、救助できたことそのものが、深く大きな喜びをもたらすのである。

イルマとプシュケは、戦争末期の活動を通じて、合計二三三名を発見した。そのうちイルマが発見した生存者は二一名、死者は一七〇名で、まさに驚異的な記録であり、イルマはディッキン・メダルを授与された。そしてマーガレット・グリフィン夫人も危険な状況の中で、常にイルマの助けになっていた勇気を称えられて、大英帝国勲章によって報われたのであった。

ジェット

一九四四～一九四五年
ロンドン

Jet

ジェットはＰＤＳＡとＲＳＰＣＡ（英国動物虐待防止協会）の両方から、勇敢な従軍動物に与えられる最高の栄誉を受けた、数少ない犬である。大きな仔を産んだ母犬のアイーダにあやかって、「アイーダのジェット」と呼ばれることもあった、この真っ黒なアルザス犬は、生死を問わず、地中に埋まっている生き物を見つけ出す才能に恵まれており、グロスターに設けられた空軍警備犬学校で最初に訓練されたうちの一頭であった。リヴァプールでは知られたブリーダー、バブコック・クリーバー夫人のもとで養育されたジェットの能力は、優れた軍用犬トレーナーとして知られたマーガレット・グリフィン夫人の目に留まる。

ジェットの才能は、訓練を修了した直後の、バーミンガムでの空襲に派遣された現場で早速開花した。敵の空襲でゴム工場が被災し、建物は廃墟になっていた。ジェットには死傷者の捜索が委ねられ、彼はすぐにマークし始めたのである。最初、救助隊は壊れた機械やレンガを撤去して死傷者を探したが、見つからなかった。ところがジェットは諦めずに、同じ場所をマークし続けていた。救難犬がマークしている以上、結果が明らかになるまで続けるほかない。救助隊員はショベルや鋤でレンガや瓦礫を取り除きながら掘り進め、二五フィート（七・五メートル）も掘ったが何もなく、さすがに断念しようかという時に、ひどく焼け焦げた痛ましい遺体が発見されたのである。これは驚くべき探知能力であり、ジェットは一躍有名な捜索犬となった。イルマという捜索犬と共に、ジェットはロンドンを襲っていたＶ１飛行爆弾と戦う市民防衛隊に抜擢されたのである。もし犠牲者に生存の可能性があると、ジェットは興奮した様子で、すぐに救助に向かおうとする姿勢でも有名であった。

一九四四年九月、ウォードル空軍伍長がハンドラーを務めることになったジェットは、ロンドンでの任務に召集された。しかし到着した直後に、今度はエドモントンへの移動命令が出された。爆弾で破壊された家の持ち主が、瓦礫の下敷きになっているとの電話連絡が入ったのだ。エドモントンの現場に到着したジェットは、間もなく座り込んで吠え始めた。そしてすぐに、マークされた場所から遺体が掘り出されたのである。

一九四四年一月には、チェルシーにて、ジェットがディッキン・メダルを授与されるきっかけとなった事故が発生した。現場では空襲で大きなホテルが半壊していた。市民防衛隊は半日をかけた作業で生存者を救出し、一度撤収となった。しかし一一時間半も働き続けていたジェットは、動こうとしないのだ。救助隊はジェットの態度を見て捜索を再開したが、誰も見つからない。ところがジェットは、廃墟となったホテルで生存者のサインを出し続け、瓦礫をよじ登ろうとしている。そこで梯子が運ばれ、崩れた上階の一部を探ってみると、なんと崩れた建材の後ろで、石膏まみれになった老婦人が倒れていたのである。病院に運ばれた彼女は、間もなく回復した。

爆撃で半壊した病院の現場でも、ジェットは瓦礫の上を駆け回り、生き埋めになった職員や患者の捜索にあたった。ここでも一二時間も休まず探し回った後、ジェットはまだ鼻を鳴らしながら地面をひっかいていたが、突然立ち止まると顔を上げ、屋根をじっと見つめた。ジェットのしぐさに救助隊員は困惑したが、彼が、まだかろうじて残っている屋根の一点を見つめていることに気付いた。間もなく専門の消防隊が屋上に向かうと、そこにはなんと、爆風で投げ出されて、屋根の垂木に引っかかっている高齢の患者がいたのである。相棒のイルマと一緒になって、V1飛行爆弾の被害現場で捜索に従事したジェットは、六週間の任務期間で五〇名もの死傷者を発見したのであった。

戦争が終わってしばらくした一九四七年、ジェットは再び請われて事故現場に向かった。ホワイトヘイヴン炭鉱の落盤事故で生き埋めになった作業員の遺体捜索の依頼を、飼い主のクリーバー夫人が受け取ったのである。粉塵爆発があった炭鉱では最終的に一一七名が犠牲になったが、この時点では多くが行方不明者として残されていた。親族は愛する人を取り戻すため、ジェットにすがったのである（このとき、プリンスとレックス〈五八ページ〉という別の犬も要請を受けていた）。悲しみに包まれた町では、すでに六四名の遺体が回収されていて、検死や実況見分が行われていた。多くの市民が遺体の身元調査のために集まっている。ジェットが捜索を依頼された坑道は二〇〇〇ヤード（約一八〇〇メートル）もの深さがあり、崩落事故の後は、依然として不安定で危険な状態が予想された。

救助隊はジェットの先導で坑道に入っていった。ところが突然ジェットは立ち止まり、小さく吠えると、数歩下がって腰を下ろし、一点を見つめた。救助隊は戸惑ったが、ハンドラーは皆に注意を促し、少し下がるように要請した。すると突然、ジェットが見つめていた坑道の一部が崩壊したのだ。その岩盤の欠片を撤去し終えると、再びジェットは坑道を進み、いくつもの遺体を発見したのである。

政府は、戦争中に徴用された軍用犬や捜索犬について、成功失敗を問わず記録を残していたが、中でももっとも功績が大きな犬として、ジェットとイルマが選ばれている。戦争末期に多くの被害者を瓦礫の中から探し出したジェットに対して、一九四五年一月十二日にディッキン・メダルが授与された。またホワイトヘイヴン鉱山における、危険を察知して救助隊を守った功績により、ホワイトヘイヴン・スターと、RSPCA名誉勲章が授与された。ジェットは一九四九年十月に世を去り、彼の遺体はリヴァプール、カルダーストーン公園のバラ園に立つ日時計の下に埋葬されている。そして一九七一年に、リヴァプールのRSPCAアニマルホームにジェットを顕彰した豪華な記念犬舎が作られ、コメディアンのケン・トッドが盛り上げる中で、除幕式が行われたのである。

ソーン

一九四四～一九四五年
ロンドン

Thorn

ソーンは、地雷探知の模範犬であり、ディッキン・メダルの受賞動物、そして映画スターと、多彩な経歴を持つ有名なアルザス犬である。グリフィン夫人が育成したエコーという名犬の曾孫にあたり、有名なディッキン・メダル受賞動物のイルマとも血縁関係にある。グリフィン夫人は血統書に裏付けされた名犬を作出することで知られる有名なブリーダーであった。エコーは戦争中に捜索犬として任務に就き、怪我を負っても一晩休んだだけで任務を立派に果たしたタフな犬だった。

航空機生産省の訓練所でトレーニングを受けたソーンは、ラッセル氏がハンドラーを務める軍用犬となった。地雷探知や山岳救助、空襲警戒隊における建物からの避難誘導など、様々な任務において、訓練中の犬へのデモンストレーションを行って貢献した。そして「爆心地にPDSAあり」というモットーの下、ソーンはPDSAの救助隊に同行して捜索任務に就いた。現場でソーンは爆弾孔や炎上中の建物、瓦礫などの中で生き埋めになっている人々の捜索に才能を発揮した。ロンドン南部の現場では、ジェットと一緒になって二五名もの死傷者を見つけ出している。爆心地付近をくまなく歩き、嗅覚を駆使して死傷者を探し、地面をひっかくなどの行動によってマーキングを行い、要救助者の場所を救助隊に知らせるのだ。

V2報復兵器によって焼け落ちた建物の捜索任務にあたった時のことである。捜索の手順はまずひと組のハンドラーと救助犬が建物に入り、状況を確認してから本格的な捜索に移るというものだ。ラッセル氏の回想では、ソーンはゆっくり建物に入っていった。

〈火災が起こった家屋を捜索していた時のことです。先にいた救助犬は嫌がって中に入らなかったのですが、ソーンは一歩一歩確かめるように慎重に入っていきました。何度もひるみかけましたが、励ましながら火元と思しき場所に近づくと、彼は生存者がいるサインを見せました。実際にそこには生存者を含む被害者がいたのです。この救助作業時のソーンの働きは、救助犬としてはピカイチだったでしょう。私は煙の中で何も見えないので、空気が少しでも清浄な場所に降りて助けを呼ばねばなりませんでした〉

勇敢な救助活動を通じて、ラッセル氏は大英帝国勲章を、ソーンはディッキン・メダルをそれぞれ授与された。ソーンが勇敢でなかったら、建物の中の人たちは窒息死していたに違いない。ソーンが捜索を拒否しなかったことが、人命救助に直結したのである。火災の熱や空襲警報、そして爆発音におびえながらも家屋に入っていったソーンの勇気には敬服するほかない。このような任務を繰り返して、ソーンは一〇〇名以上を救助した。そして一九四五年四月二十五日、ソーンとラッセル氏は、ウェンブリー・スタジアムでの勲章授与式に招待された。

戦争で受勲した救助犬の多くは、戦後は引退して飼い主の元でペットとしての生活に戻るものだ。しかしソーンは戦後、映画スターとして新しいキャリアを歩んだ。ソーンの血縁のエコーは『Master and Man』に出演していたが、ソーンも戯曲『They Walk Alone』を元にした映画『Unholy Innocent』で、アン・クロフォードやマックスウェル・リードとの共演を果たしている。クロフォードとソーンが、主人を殺害した犯人を追跡し、追い詰め、最後に現行犯逮捕するという筋書きだ。映画が封切りされると、ソーンは一〇〇〇ポンドの保険に加入させられ、『And so to Work』や『The Captive Heart』など新しい映画に出演する度に、七五ポンドのギャラが支払われた。ソーンにはぬいぐるみのスタントまで用意されていたが、あまり気に入ってはいない様子だったとのこと。

戦争中、ソーンは爆撃や火災、倒壊しそうな家屋などの危険な場所で任務をこなしながらも、無事に生き延びた。しかし戦後のある日、ラッセル氏と一緒にヘーヴァーの農村地帯を散歩している時、ソーンは数頭の羊に遭遇すると、面白がってその後を追い回した。ラッセル氏はそんなことを知るはずもなかったが、実はこの農場は野犬の被害に悩まされていたので、ソーンを見かけた農夫は、散弾銃で迷わず撃ってしまったのである。ソーンは地面に斃《たお》れ、ラッセル氏が駆けつけた時には、銃弾が命中した肩の傷から大量に失血していた。すぐに動物医療施設に運ばれ、銃弾は摘出されたが、助かる見込みはないと診断されてしまう。

しかしラッセル氏の献身的な看病の末、一週間後にようやくソーンは回復の兆しを見せ始めた。その後、彼は平穏な生活を送ることができたのであった。

第三章 現代の英雄

3. Modern Heroes

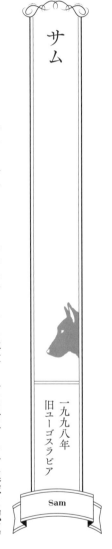

サム

一九九八年
旧ユーゴスラビア

Sam

ボスニア・ヘルツェゴビナ紛争において、ドルヴァルに派遣された王立カナダ連隊に配属された一頭のジャーマン・シェパード――サムは、卓越した勇気で、多数の軍人と民間人の命を危険から守った。

第一次世界大戦の結果誕生したユーゴスラビアは、民族、宗教、言語が複雑に混在したモザイク国家であり、結局は一九九一年に分裂してしまった。そして各民族同士の緊張が高まると、紛争が始まったのである。国際連合は平和維持軍として係争地を占領したが、セルビア人とクロアチア人の民族浄化を伴う血なまぐさい闘争には終わりが見えなかった。このような戦争において、サムはディッキン・メダルを授与されたのである。

王立カナダ連隊所属のサムは、ハンドラーのイアン・カーネギー軍曹と共に、平和維持軍の活動の一環でドルヴァルの町に駐留していた。訓練で優秀な成績を残したサムは、軍用犬に期待された役割以上のリーダーシップと勇気を証明した。その一つは、一九九八年四月十八日、ドルヴァルで発砲している男がいるとの通報に始まる。ハンドラーに連れられて到着した現場では、拳銃を持った男がバーの中に立てこもっていた。静かにバーの中に潜入したサムは、銃を持った男を確認するや、死角から襲って引きずり倒し、そして即座にカーネギー軍曹が武器を奪ったのである。サムの決断力と行動力が、さらなる銃撃を防ぎ、死傷者が出るのを未然に防いだのであった。

サムとハンドラーのカーネギー軍曹が召集された四月二十四日の現場では、五〇人以上のセルビア人市民が避難している倉庫を、暴徒と化したボスニアのイスラム教徒が取り囲んでいた。一触即発という状況が崩れ、暴徒が窓ガラスを破って倉庫に侵入し、避難民を襲撃しようかというその時、カーネギー軍曹とサムは正面入り口に立ち塞がって、暴徒を牽制した。暴徒は手当たり次第に石や棒きれを投げつけながら建物に近づいてくる。この騒動で多数の負傷者が出たが、サムとカーネギー軍曹は増援の到着まで耐え抜いた。倉庫に逃げ込んでいたセルビアの避難民は、サムと軍曹の勇敢な行動によって救われたのであった。

サムは退役後間もなく、十歳の時に自然死でこの世を去った。カーネギー軍曹はサムの死後、ディッキン・メダルを受け取った。

〈サムはずば抜けて勇敢で、一度だって危険から逃げ出そうとはしなかったですね。サムがいてくれたから、私は自分の任務を全うできた。サムは最高の軍用犬です〉

サムは五十九番目のディッキン・メダルの受賞者であり、軍用犬としては一九四四年以来久々の受賞者となった。

ソルティー／ローズリー／アポロ

二〇〇一年・九・一一同時多発テロ
ニューヨーク

Salty, Roselle and Apollo

二〇〇一年九月十一日、ニューヨークの世界貿易センタービルに、テロリストにハイジャックされた旅客機が相次いで激突し、ツインタワーは崩壊、数千人の人命が失われた。この日の救助活動を通じて、ソルティーとローズリーはディッキン・メダルを授与されたが、彼らは救助犬ではなく、意外にも盲導犬であった。

当時、七十八階に入居していたクォンタム社の営業部長であったマイケル・ヒングソン氏は、ローズリーに介助されながら出勤していた。ローズリーは普段はヒングソン氏のデスクの傍らでおとなしく座っている。そんな日常の中、最初の旅客機が北タワーに激突した。衝突直後、ビルにいた人々はエレベーターや階段に殺到して、瞬く間に大混乱が発生した。誰も経験したことのない騒音や警報、火災の熱と煙で、収拾の付かない混乱が広がっていく。だがローズリーは慌てず、落ち着いた動作でヒングソン氏を最寄りの階段に誘導した。そして火災による熱気と呼吸困難の中で、彼らは一緒に階段を下り始めた。途中、衝突に起因する崩落や類焼の危険があったに違いないが、ローズリーは主人を地上まで誘導したのだ。さらに煙で視界が悪い中を避難誘導する盲導犬の様子に励まされて、彼らに付いていった多くの作業員も命を救われている。

ツインタワーから脱出したローズリーは、そのまま主人を通りまで誘導し、南タワーの崩壊後は、ひどい土埃と瓦礫の中を主人と一緒に脱出した。その際には、窒息しそうな埃や煤煙の中で視界を失い、混乱状態にあった人々も、ローズリーの後を追って一緒に避難している。ローズリーがいなければマイケル・ヒングソン氏のみならず、多くの人々がビルの内外で命を落としていたに違いない。

ツインタワーへのテロ事件における盲導犬の活躍は、ローゼリーに留まらない。オマール・リベラ氏は、アメリカン航空第11便の衝突時、北タワーの七十一階にあった港湾公社オフィスに、盲導犬ソルティーと一緒に勤務していた。テロ事件の時、リベラ氏は同僚の騒ぎから起こっていることを理解したものの、生き延びるのは難しいと判断すると、せめてソルティーには生き残るチャンスを与えようと、盲導犬を解き放とうとした。ソルティーは少しの間、主人のそばを離れたが、すぐに自らの意思で戻ってくると、主人を階段まで案内したのだ。

ソルティーはリベラ氏を誘導して階段を降り始めたが、この時、七十八階で働いていたドナ・エンライトという女性も一緒に助けている。彼女は飛行機の衝突にともない眼を怪我して、視力を失っていた。ソルティーはそれから一時間一五分をかけて、避難する人々でごった返す七十一階から二人を誘導した。ジェット燃料の猛烈な悪臭や、足元を埋め尽くす瓦礫やガラスの破片の中を、ソルティーは躊躇することなく二人を誘導したのだ。

こうしてローズリーとソルティーは、アメリカ同時多発テロでの世界貿易センタービルの悲劇において多くの人命を救った実績を称えられて、ディッキン・メダルを授与された。二頭は訓練された盲導犬の勇気と献身を遺憾なく発揮したのだ。

二〇〇二年三月五日には、後にグラウンド・ゼロと呼ばれるようになるツインタワー跡地と、同じくハイジャックされた旅客機に突入を許してしまった国防総省の建物で救難救助にあたった多くの救助犬の代表であるジャーマン・シェパードのアポロとそのハンドラーのピート・デイビス氏がディッキン・メダルを授与された。

〈二〇〇一年九月十一日以降、ニューヨークおよびワシントンでの救難救助活動において発揮した比類なき勇気を称えて。命令を忠実にこなし、厳しい任務に臨んだ犬たちの働きと献身は、事件の犠牲者や負傷者の記録と共に、証として残されるべきものである〉

トレオ

二〇〇八年
アフガニスタン

Treo

第104軍用犬支援部隊に所属していたトレオは、本書執筆時点で、もっとも近年にディッキン・メダルを授与された犬である。仔犬時代のトレオは、近づく者に誰彼構わず吠えたり噛みついたりする悪癖から、処分を検討される寸前であった。しかし陸軍の軍用犬として訓練を受けたことで、目的を見出すことができた。退役するハンドラーとの別離に直面したが、新しいハンドラーのデイヴ・ヘイホー軍曹と出会うと、すぐに心を通わせて信頼関係を築くようになった。この瞬間から、トレオは「生きた金属探知機」となり、軍曹と共に、最初は北アイルランド、次にアフガニスタンに派遣されたのである。

アフガニスタン戦争に参加したイギリス軍の中で、ヘルマンド州に派遣された部隊とタリバーンの間では小規模な武力衝突が絶えなかった。タリバーン勢力はイギリス軍の進出を阻止するために、交戦を避けつつ最大限の損害を与えられるよう、様々な待ち伏せ兵器などによる戦術を用いた。こうした戦術に対抗する一環として、二〇〇八年三月、道路脇などに埋設される地雷や即応爆弾（IED）を探知するための捜索犬としての訓練を受けたトレオが、ヘルマンド州の部隊に配備されたのだ。そして、この戦場で、トレオはハンドラーと共に多くの人命を救うことになる。

二〇〇八年八月十五日、ヘイホー軍曹とトレオは摂氏五〇度にもなる酷暑の中、サンギンの小道をパトロールしていた。するとトレオは突然、いつもは見せない行動を始めた。首を伸ばして地面を慎重に探ると、今度はまるで空気がなくなったかのように大きく息を吸い込んだ。軍曹は相棒の異変をただ事ではないと判断して慎重に調査すると、間もなく、ＩＥＤに連動したデイジーチェーンを発見したのである。これは、一つの起爆装置を作動させるだけで、連動したすべての爆破装置が連鎖的に作動する仕組みの爆弾である。もし作動すれば、軍駐屯地を破壊し、数十名の兵士を死傷させる威力がある。これは、イギリス軍拠点を直接攻撃しようとして設置された破壊兵器を発見した最初の事例であった。さらに九月にトレオは二個目のデイジーチェーン爆弾を発見している。それらは、もし発見できなければ王立アイルランド連隊の小隊がまるごと吹き飛ぶような仕様であった。

トレオの任務を補助するため、彼には専用のボディーアーマーが支給された。中には氷嚢を入れられるので灼熱の苦しみが和らぎ、砂塵からも身体を保護できた。また悪路を移動する負担を軽減するために専用の靴も用意された。軍曹はトレオのために快適な犬小屋を用意したが、トレオは小屋を嫌がり、軍曹のベッドを占有した。

二〇一〇年二月二十四日、ロンドンの帝国戦争博物館にてトレオはアレクサンドラ王女からディッキン・メダルを授与された。トレオは現在（編注：本書英語版刊行当時、二〇一二年）、リンカンシャー州で穏やかな余生を過ごしている。彼は地元の肉屋から提供される最高品質の骨をかじり、専用リクライニング・チェアでくつろぎながら、マンチェスター・シティーFCのサッカーの試合を観て過ごしているとのことである。

セイディー

二〇〇五年
アフガニスタン

Sadie

国連はアフガニスタンの首都カブールに国際治安支援部隊の本部を置き、そこから多国籍軍の占領地域を統治していた。軍事基地や行政の拠点は、特にタリバーン勢力の標的にされる懸念があった。またタリバーン勢力は、拠点を襲ってくる多国籍軍に備えて、ブービートラップで作動する爆弾を同じ場所に二重に設置する戦術を駆使して、多国籍軍を苦しめていた。最初の爆弾の発見で安心して二個目を見落とす可能性があり、一個目に引っかかれば、その負傷者を助けるための救助部隊が二個目を作動させて二重に被害を被る悪意ある仕組みである。

カレン・ヤードリー伍長と黒のラブラドール犬、セイディーのペアは、この厳しい戦場で戦っていた。王立グロスターシャー／バークシャー・アンド・ウィルトシャー歩兵連隊に配属されていたペアはカブール市内のパトロールに従事しており、二〇〇五年十一月十四日に、国連諸機関の入った建物の外で発生した自爆テロの被害者救援に出動した。ヤードリー伍長は、この種のテロの常套手段を知っていたので、二個目の爆発物があることを前提に、セイディーと共に作業を開始した。しかし、この時点では果たして二度目の爆弾テロが続くのか、それとも爆発物が路上に埋まっているのか、見当が付かなかった。

ところが、間もなくセイディーは国連の現地本部ビルの壁に爆発物が埋設されているのを発見。伍長がただちに報告したことで、ビル内の職員は全員無事に避難できた。分厚いコンクリートに塗り込められた爆発物を、嗅覚で検知した能力は見事である。安全を確保した後、ヤードリー伍長らは捜索を開始し、間もなく壁の空洞に隠された爆破装置を発見して、任務を終えた。

〈セイディーは敷地から道路に出たところで、異変を感じ取ったようです。腰を落とした姿勢で、壁の一部を凝視していたのは、その周囲に異変があるというサインです。私はすぐに、周

囲にいる人たちに警告を発しました〉

ヤードリー伍長はこのように当時を回想している。

この爆弾は、建物で働く職員や表通りにいる人々を最も多く巻き込めるタイミングに合わせてセットされていた。セイディーの発見が迅速であったために、爆発物処理班は十分な時間を確保できた。もし爆弾を発見できなければ、それまで負傷した市民を救護し続けていたイギリスやアメリカ、ドイツの兵士にかなりの損害が生じていたに違いない。

二〇〇六年二月六日、ロンドンの帝国戦争博物館にて、アレクサンドラ王女からセイディーにディッキン・メダルが授与された。セイディーはこのメダルを授与された二十五番目の犬となった。

〈セイディーがコンクリート製のブラスト・ウォールの近くで爆発物を見出し、国連職員は安全に避難できた。セイディーが見つけた爆発物は、最大限の死傷効率を発揮するよう仕掛けられたものであったが、爆発物処理班が安全に処理できた〉

バスター

二〇〇三年
イラク

Buster

バスターは、二〇〇三年にイラクに派遣された王立陸軍獣医隊に所属していた茶色と白のスプリンガー・スパニエルである。飼い主に恵まれず、バタシー・ドッグス・ホームに預けられていたところを、運良くモーガン家に迎え入れられた。そして主人でもあるダニー・モーガン軍曹は、バスターのハンドラーとなって、イラクで一緒に任務を遂行したのである。

二〇〇三年四月、軍はイラク南部、クウェートとの国境に接するサフワンの集落に対する黎明攻撃の準備をしていた。このような作戦では、通常、道路とその周囲に埋設された地雷やIEDを探知するために、嗅覚に優れた爆発物探知犬が先行する。バスターは、モーガン軍曹と共に、サフワンの通りを捜索していた。この集落には地域社会を掌握していた敵対勢力やテロリストが潜伏している可能性があったからだ。しばらくすると、とある家屋の前でバスターが警戒のサインを出し始めたため、その家屋に捜索班が突入した。するとそこにはテロリスト集団が潜伏していたことが判明した。しかし彼らは爆発物や武器は所有していないと主張した。

建物内の捜索でも、危険物は発見されなかった。ところがバスターは、ワードローブの前でしきりにサインを出していた。モーガン軍曹は、バスターが武器や爆発物を見つけたと判断したが、その時の様子を次のように説明している。

〈ワードローブを動かして、背後の壁面で壁材になっていたトタンを剥がすと、その裏の空洞に武器が隠されていました。バスターはこのように巧妙に隠されていた武器の存在に気付いたのです。彼がいなければ見過ごしていただろうし、この武器が仲間や住民の脅威になっていたに違いありません〉

家屋からは爆発物や爆弾製造用の部品、プロパガンダ用の機材、武器、麻薬、手榴弾、弾薬などが大量に押収された。テロリストは拘束され、未然に武器庫を抑えたことで、作戦の安全性が飛躍的に高まった。そしてイギリス軍の軍事行動が終わると、サフワンの住民は落ち着きを取り戻し、軍も重装備を外して集落の周辺をパトロールできるようになった。

バスターは、人間では気付きようのない危険を回避したことで、六十番目のディッキン・

メダル受賞動物となったのである。

第四章 世界の英雄

4. Foreign Heroes

G・I・ジョー

一九四三年
イタリア

G.I. Joe

G・I・ジョー（米国軍籍43SC6390）は、一九四三年三月二十四日にアルジェリアで孵化した黒ブチの鳩である。米陸軍鳩舎で育成されると、後に五万四〇〇〇羽を超える仲間と共に伝書鳩となった。そしてチュニジア戦線からビゼルテ方面の作戦に参加して活躍した後、イタリア戦線に投入されたのである。

イタリアでは激戦が続いたが、イギリス第56歩兵師団は担当戦区でドイツ軍の戦線を突破して、イタリア半島の戦局を安定させた。イタリア侵攻時の連合軍は、ドイツ軍の拠点となる町や集落を空襲で叩いた後に、地上部隊が侵攻するのを基本的な戦い方としていた。ロンドン第56師団は、一九四三年十月十八日の午前一〇時にナポリ近郊のコルヴィを攻略するよう命じられていた。これに先立ち、アメリカ軍の航空部隊が周辺の要衝を爆撃して、師団の地ならしをする予定となっていた。

ところが、作戦は初手から狂いが生じた。ドイツ軍は防衛線の整理のため、コルヴィの部隊を撤収させていたので、わずかな守備戦力しか残していなかった。そのためイギリス軍の進撃が予定より早まってしまい、わずかな抵抗を排しただけで作戦目標を制圧してしまったのである。すぐさま予定されていた空襲の中止要請を出さねばならなかったが、無線通信が途絶し、伝令を送るにしても距離が遠すぎて、二〇分後に始まる空襲作戦には間に合わない。第56師団は、伝書鳩のG・I・ジョーにすべてを託した。二〇分で二〇マイル（約三二キロメートル）を飛行し、かつ、空襲作戦の中止要請が届くか否か、師団はそれに唯一の望みを懸けた。師団長は、この事実を住民や兵士には知らせられなかった。パニックを誘発してはならない、苦しい立場であった。

アメリカ陸軍航空隊の航空支援部隊司令部の基地では、離陸準備を整えた爆撃機が、駐機場に列を作り、出撃命令を待っていた。G・I・ジョーが山岳地帯を抜けて、矢のような速度で基地の巣箱に帰巣してきたのは、まさに出撃命令発令の直前のこと。通信筒を開けた担当者は、即座に飛行場に走り出して、爆撃機の離陸を止めた。G・I・ジョーはギリギリのタイミングで間に合ったのである。

G・I・ジョーの働きは、数え切れないイギリス軍兵士とイタリア住民を救った。アメリカ第5軍司令官のマーク・クラーク中将は、この伝書鳩が第56歩兵師団の兵士一〇〇〇名の命を救ったと考えた。現代社会に生きる我々には、これほど切羽詰まった場面での重要な命令が、一羽の伝書鳩に託されるという状況を想像しにくい。だが、当時は無線装置が壊れて、人力では実行できないような情報伝達を行わなければならない時、伝書鳩が最後の頼みの綱であったのだ。このように重大な任務を、G・I・ジョーは二〇分という短い時間でやってのけて、多くの人命を救ったのである。

G・I・ジョーは、一九四六年にディッキン・メダルを授与されたが、その理由は以下のように説明されている。

〈第二次世界大戦におけるアメリカ軍籍の伝書鳩の中でもっとも優れた帰巣任務をこなした。イギリス陸軍第10軍司令部への二〇マイルを、同じ分数で飛行したのだ。急を知らせるメッセージは、少なくとも一〇〇〇名の連合軍兵士を、友軍機の誤爆から救えるぎりぎりのタイミングで司令部に到着したのであった〉

G・I・ジョーはアメリカ産の動物として最初のディッキン・メダルを受賞した。戦後、この伝書鳩はニュージャージー州のチャーチル・ロフト（別名：ホール・オブ・フェイム）にて、同じような活躍で軍に貢献した二四羽の鳩と一緒に飼育された。一九五七年三月に、G・I・ジョーはデトロイト動物園に住処《すみか》を変え、そこで引退後の余生を送る環境が用意された。そして一九六一年六月三日、十八歳の生涯を閉じたのである。G・I・ジョーの亡骸は剥製となって、ニュージャージー州フォートモンマスの歴史センターに展示されており、二〇分の英雄的飛行記録の記憶を留めている。

パンチ／ジュディー

一九四六年
イェルサレム

Punch and Judy

パンチとジュディーは、イギリス統治下のイェルサレムで代理判事を務めていたキャンベル中佐とナイブン中佐が飼っていた、兄弟のボクサー犬である。彼らはイェルサレム郊外の官舎に住んでいたが、当時は二〇年にわたるユダヤ人のパレスチナ移住運動による社会不安の蓄積が限界にまで達していた。

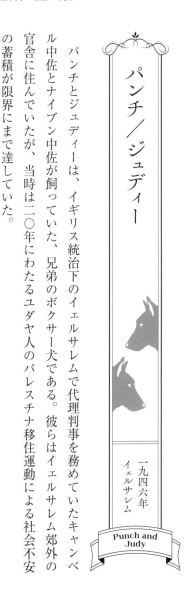

一九二〇年代から三〇年代を通じて、ユダヤ移民と現地住民のパレスチナ人との間では暴力を伴う衝突がエスカレートしていた。そんな中、アドルフ・ヒトラーの台頭はユダヤ人のヨーロッパ脱出を加速させ、パレスチナへの移民の数は急増した。パレスチナに暮らすアラブ系住民にとっては、ユダヤ人のみならず、国際連盟の委任統治領であるパレスチナに駐屯しているイギリス統治機関も憎しみの対象であった。ユダヤ人勢力も、パレスチナ人に加えてイギリス統治機関を敵視していた。イギリスは、アラブ勢力をなだめて融和に導きつつ、ユダヤ人側にも妥協を認めるよう促したが、効果は小さかった。イギリスの方針は間もなく破綻し、ユダヤ人、アラブ人双方の勢力からの、イギリス駐屯軍や統治機関への攻撃が頻発した。一九四六年七月二十二日に起こった、イギリス委任統治政庁が入居していたイェルサレムのキング・デイヴィッド・ホテル爆破事件は、最悪な事例の一つである。一連のテロ行為により、イギリスは夜間戒厳令を敷き、違反者に対する射殺許可が出されるほどに、イェルサレムの緊張状態は高まっていた。

八月の暑い夜、キャンベルとナイブンは、リビングで会話を楽しんでいた。互いの愛犬も主人の足元でくつろいでいる。風が通り抜けるように、玄関は開けたままになっていた。午後一〇時三〇分、就寝しようということになり、二人はそれぞれの寝室に向かう前に、いつものように家の中と庭のチェックに向かった。

　実はこの時、イギリスの要人を殺害しようと、機関銃で武装したテロリストが庭にひそんでいることに、二人は気付いていなかった。椅子から立ち上がり、玄関に向かおうとする主人を認めると、突然パンチとジュディーが反応し、吠えながら庭に飛び出していった。異変に気付いたキャンベルとナイブンは、武器を手に取って愛犬を追いかけると、銃声と犬の吠える声が聞こえてきた。二人が庭に出ると、テロリストが玄関で機関銃を撃ちまくった後で逃亡した様子がうかがえた。しかしパンチとジュディーの姿が見当たらない。やがて二人は血痕が通りの方に続いているのを発見し、すぐさま後を追いながら警察に連絡した。

　警察と軍のパトロールが追跡する二人に合流して間もなく、血まみれで倒れているパンチが見つかった。彼は喉に二発と、頭部、右股の付け根付近の、合計四発の銃弾を受けていた。パンチの隣には、同じく血まみれのジュディーの姿もあったが、周囲にテロリストの姿は見当たらない。パンチとジュディーの緊急治療のために出向いてもらえないかと、すぐにＰＤＳＡのイエルサレム支局長に連絡が飛んだ。戒厳令下の難しい依頼にもかかわらず、ＰＤＳＡのスタッフは無事到着した。そしてパンチをテーブルの上に寝かせて安静にさせたが、四分の三パイント（約四三〇ミリリットル）もの血液を失っており、回復は見込めないと診断された。

それでも獣医はパンチに注射を打ち、傷の手当てを施すと、間もなくパンチは元気を取り戻し、キャンベルとナイブンを安堵させた。

一方、ジュディーはと言うと、背中の大きな血まみれの傷が、実はかすり傷だったことが分かり、飼い主を驚かせた。おそらくパンチを守ろうとジュディーが寄り添った時に血が付いたのだろう。

パンチとジュディーは、テロリストの存在に気付いていなかった主人たちに代わって危険を察知し、二人のイギリス軍将校の殺害を防いだばかりか、自身もテロリストの襲撃を生き延びた、彼らは一九四六年十一月にディッキン・メダルを授与された。

〈二頭の犬は、イスラエルの任地で急襲を図ったテロリストの攻撃を未然に防いで、二人のイギリス軍将校の命を救った。パンチは四発もの銃弾を受け、ジュディーも背中を負傷した〉

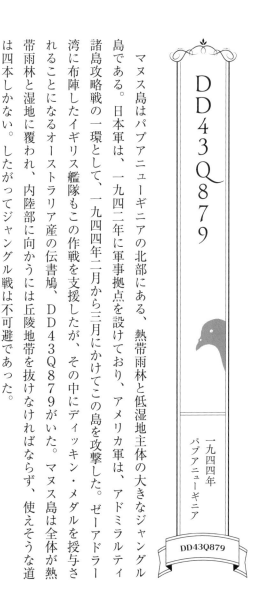

DD43Q879

一九四四年
パプアニューギニア

DD43Q879

マヌス島はパプアニューギニアの北部にある、熱帯雨林と低湿地主体の大きなジャングル島である。日本軍は、一九四二年に軍事拠点を設けており、アメリカ軍は、アドミラルティ諸島攻略戦の一環として、一九四四年二月から三月にかけてこの島を攻撃した。ゼーアドラー湾に布陣したイギリス艦隊もこの作戦を支援したが、その中にディッキン・メダルを授与されることになるオーストラリア産の伝書鳩、ＤＤ４３Ｑ８７９がいた。マヌス島は全体が熱帯雨林と湿地に覆われ、内陸部に向かうには丘陵地帯を抜けなければならず、使えそうな道は四本しかない。したがってジャングル戦は不可避であった。

オーストラリアの鳩舎で育成されたＤＤ４３Ｑ８７９は、マヌス島に強襲上陸するアメリカ海兵隊に貸与され、ドラヴィトという村落のパトロールに向かう海兵隊の偵察部隊がこの鳩を連れていた。マヌス島の日本軍は、規模や戦闘力が不明であったため、海兵隊の任務は予想できない危険なものであった。日本軍の待ち伏せや反撃に緊張を高めていたが、ドラヴィトの調査中に、反撃準備中の日本軍部隊と遭遇してしまった。日本軍は反撃計画が敵主力に伝わるのを阻止するため、ドラヴィトの海兵隊を全滅させることを決意していたので、攻撃は苛烈を極めた。

村落の周囲から海兵隊には容赦ない銃砲撃が浴びせられ、無線機は間もなく壊れて作動しなくなった。航空支援要請をしたくても、無線機が動かなければどうにもならない。日本軍の攻撃で海兵隊員が釘付けにされている間に、村落は包囲された。こうなると残された方法は、伝書鳩による作戦司令部へのメッセージ伝達だけとなった。部隊に与えられた二羽の伝書鳩には、日本軍の反撃準備に関する警告と、包囲下にある部隊への支援要請が託された。しかし村落への攻撃は激しく、一羽の伝書鳩はすぐに撃ち落とされてしまう。この状況下、DD43Q879は辛くも砲火をくぐり抜けることができた。

以降も日本軍の攻撃は続き、劣勢に立たされた海兵隊への包囲の環はどんどん小さくなっていた。だが、日本軍の包囲を飛び越えたDD43Q879は、ドラヴィトから作戦司令部までの四六マイル（約七五キロメートル）の距離を、わずか三〇分で飛び越えてしまった。メッセージを得た連合軍は、時間を無駄にすることなく、即座にドラヴィト周辺に砲爆撃を開始した。この阻止攻撃でゆるんだ包囲網の一部を突破して、海兵隊はどうにか窮地を脱することができたのである。

もしＤＤ４３Ｑ８７９が帰巣に失敗していたら、パトロール任務中の海兵隊は全滅し、多くが日本軍の捕虜となっていただろう。この伝書鳩の行動は、日本軍の反攻作戦を連合軍作戦司令部に伝えるだけでなく、多くの人命も救っている。この功績により、ＤＤ４３Ｑ８７９にはディッキン・メダルが授与されたのであった。

〈激しい銃砲撃をかいくぐってメッセージをもたらし、マヌス島にて日本軍に包囲されたアメリカ海兵隊の偵察部隊に救援をもたらした〉

ティッチ

一九四〇〜一九四五年
北アフリカ／イタリア

Tich

一匹の仔犬が見せた勇敢な行動により、窮地に陥った多くの人々が、冷静な判断力と心の平穏を保つのに成功した事例がある。

エジプト在来種とダックスフントとの雑種と思われるこの犬は、迷子になっていたところをキングス・ロイヤル・ライフルコーア第1大隊の兵士に拾われ、ティッチと名付けられた。このいきさつは、ウイリアムズ中佐の述懐による。アフリカの砂漠地帯を移動してアルジェに向かう途中の部隊は、各地で様々な動物と遭遇している。戦時中ということもあり、飼い主が戦災に見舞われたり、やむを得ぬ事情で捨てられたりした多くの動物が、住処を追われていたからだ。家族同然のペットであっても、食糧がままならず路上に捨てられるのは珍しくなかったが、ティッチもそのような一匹で、他の多くの動物同様、食糧を求めて移動する軍隊の後にくっついていたのだろう。

部隊がアルジェ近郊の丘陵地帯を移動中、ある兵士がティッチに気付いた。栄養失調になりかけて、余りにやせっぽちな犬を見かねた兵士たちが、糧食の切れ端を与え始めた。看護兵のトーマス・ウォーカーもティッチにエサを与えていた。飼い主を名乗るアラブ人が、紅茶とならティッチを交換しても良いと持ちかけたので、話はすぐにまとまった。

ウォーカーの世話で体力を取り戻したティッチは部隊に馴染み、ブレンガン・キャリア（訳注：イギリス軍が採用した小型の装軌式車両）の座席や、医療用ジープのボンネットなどで当たり前のようにくつろぐようになった。そんなティッチの姿は兵士を元気にして、士気を高めるのに一役買った。この時期、北アフリカの連合軍は苦戦していたこともあり、キングス・ロイヤル・ライフルコーアも他の部隊と同様に神経質になっていた。だが、銃弾や砲弾が周辺を飛び交う状況でも、ティッチは気にするそぶりも見せなかった。このような姿が兵士に自信を与え、犬もひるまない敵の攻撃など恐れるに足りないという気分が兵士たちの間に出てきた。

ティッチの存在は、看護兵のウォーカーにも良い影響をもたらした。作戦中の看護兵には危険とストレスが付いて回る。戦死者の遺体を整え、負傷した兵士に医療的な処置を施して、安全な後方に無事送り届けるのは、精神的に大きな負担となる。それをティッチが癒やし、分かち合ったのだ。ある時、ウォーカーは砲火の中で負傷したグルカ兵の救出指揮を執っていたが、その間、ティッチはずっとジープのボンネットにいて、ウォーカーを見守っていた。マルゼノ川沿いに設けられた連隊救護所が敵の砲撃で一部破壊された際にも、ウォーカーが任務をこなしている間、ティッチはその傍らを離れなかった。負傷者と物資を安全な場所まで移そうとしている最中に、ティッチは頭部を負傷した。しかし翌日には、ティッチは激しい敵砲火をものともせず、負傷者を抱えた部隊の持ち場までウォーカーを誘導している。数日後、部隊が再び激しい敵砲火にさらされると、兵士には塹壕を掘るよう命令が出された。

兵士が必死にシャベルで塹壕を掘っている中に交ざり、ティッチも小さな前脚でアフリカの硬い土を掘り、自分の居場所を作ろうとした。

一連のティッチの働きを認めたウィリアム中佐は、ディッキン・メダルに彼女を推薦した。

〈彼女の勇気と職務への献身は、実際に効果を現した。その勇気ある規範的行動は、極度の緊張状態の中で、兵士たちが冷静さと平常心を保つ力となった。主人のジープのボンネットを持ち場にして、激しい銃撃と砲火の中で負傷兵を運ぶという危険の中でも、持ち場を離れようとしなかった彼女の姿は、兵士に大きな勇気を与えたのであった〉


北イタリアのファエンツァ付近の戦闘でも、いつものようにボンネットにいたティッチは、ウォーカーのジープに砲弾の破片が直撃した際に重傷を負ってしまった。彼女の鼻は折れ曲がり、身体にもいくつもの破片が刺さっていた。部隊の医務官はこの重傷に匙《さじ》を投げたが、ウォーカーは懸命に看病を続け、遂にティッチは回復した。その後、ティッチは部隊を輸送する船の中で、仔犬を産んでいる。この事実を上官に隠すために、兵士たちはありとあらゆる手を使い、なんとか切り抜けると、ティッチはさらにヨーロッパの戦場を転戦して、部隊に貢献した。「彼女はどんなトラックや車両にも物怖じせずに乗り込み、オオカミのような迫力で吠えるが、命令されればじっと姿勢を崩さずにいた。タバコを楽しむ一方で、主人の命令があるまでは、決して勝手に食べたり飲んだりはしなかった」と、隊付きの従軍牧師はティッチのことを思い出して語る。だが何にも増して、ティッチには素晴らしい才能があった。彼女は戦争の間に、三七匹もの仔犬を産んだのだ。

ウォーカーは、戦争中に勇気を奮い多くの人命を救った功績からミリタリー・メダルを授与された。そしてティッチも、キングス・ロイヤル・ライフルコーアの兵士たちに示した勇気と献身により、ディッキン・メダルを授与された。戦後、トーマス・ウォーカーは故郷のニューカッスルに戻り、青果店を手広く経営した。ティッチは戦地と変わらず、毎日彼の側に付いてまわったが、ウォーカーがパブにいる時だけは連れて行ってもらえなかった。

一九五九年に世を去ったティッチは、エセックス州イルフォードにあるディッキン・メダル受賞動物のためのＰＤＳＡ墓地に埋葬された。キングス・ロイヤルの兵士が思いつきでティッチに与えた食べ物や親切は、その何倍もの価値と献身になって部隊に還元されたと言えよう。そしてティッチは、五十三番目のディッキン・メダル受賞動物として記録されたのである。

パディー

一九四四年
ノルマンディー

Paddy

パディーはディッキン・メダルを獲得した唯一のアイルランド生まれの伝書鳩である。アントリム州で飼育、訓練され、伝書鳩としての才能に恵まれていることを証明すると、飼い主のヒューズ氏はパディーを航空救難隊に供出した。そして一九四三年五月から翌年三月まで、北アイルランドの空軍基地を拠点に任務をこなしていた。この任務で証明されたパディーの速度と安定性が、ノルマンディー上陸作戦に備えて優秀な伝書鳩を多数準備していた担当者のマクレーン軍曹の目に留まった。軍曹はパディーの能力に確信を得ると、秘密兵器となるパディーの「妻」を入手した。

鳩は生涯を同じつがいで寄り添って生きるので、妻と巣箱を共有することで、パディーの飛行能力が向上するのだ。ホームバードと呼ばれる「妻」は、伝書鳩の任務にはほとんど参加せず、巣箱で子育てに専念している。マクレーン軍曹は、パディーが最高のパフォーマンスを発揮できるように、イギリスの南海岸につがいで移した。そして南イングランドの空軍基地で数回の飛行テストをした結果、担当している伝書鳩の中でパディーが最高という確信を強くしたのであった。パディーにはNPS・43．9451というコードが与えられた。

ノルマンディー上陸作戦に参加した部隊には、木製のケージに入った伝書鳩が割り当てられていた。全体でその数は数百羽にもなり、大半が作戦経過のメッセージをイギリス本国の作戦本部に伝えるために使用された。この時、パディーはノルマンディーの最奥部に進出した部隊で使用されたので、本部に帰巣するには、二三〇マイル（約三七〇キロメートル）も飛ばねばならなかった。驚くべきは、上陸作戦で使用された伝書鳩の中で、パディーは四時間五分という最高の記録を残している。この偉業により、パディーはディッキン・メダルを授与された。

戦後、パディーは空軍の任を解かれ、ヒューズ氏の元に戻り、のんびりと暮らしていた。彼の次の任務は優秀な子孫を残すことであり、一九五四年まで繁殖に努めていた。だが、別れは意外な形で訪れた。同年年五月、ヒューズ氏は鳩舎を開放して、鳩たちに水浴びを楽しませていた。ところが庭にハヤブサが舞い降りてきたために、鳩たちは驚いて一斉に飛び立ってしまう。パニックの中で、数羽の鳩が電線に衝突した。その中の一羽がパディーであった。パディーは首の骨を折って地面に落ちた。勇敢で才能に恵まれた伝書鳩の、悲しい最期であった。

ガンダー

一九四一年
香港

Gander

一九四〇年の夏、カナダのニューファンドランドにパルという名の犬がいた。ニューファンドランド犬は大型犬ながら人なつこくて穏やかな性格で知られる。沈没する船から人を救ったり、湖で漂流している子どもを救うなどの頼もしい逸話も多い。パルも例に漏れず子どもに優しく、冬には子ども用のそりを曳き、夏の長い午後には子どもに自由にじゃれつかせてあげたりと、優しい犬として地域で良く知られていた。この日も芝生の上でくつろぎながら、子どもたちの相手をしていたが、子供たちがパルの周りに集まってきた時、たまたま突き出した前脚が六歳の女の子の顔に当たってしまい、ひっかき傷を作ってしまったのだ。パルの本意ではなかっただろうが、警察に通報されてしまい、飼い主のロッド・ヘイデン氏は、パルを処分しなければならないのではと心配していた。しかし運命は意外な形で好転した。この地に駐屯していたロイヤル・ライフルズ・オブ・カナダの第1大隊がマスコットを探していて、これを聞きつけたヘイデン氏は、大隊にパルを託したのである。パルは夜のうちに大

隊の兵士に連れ出されて部隊のマスコットとなり、大隊が駐屯していた町の名にちなんでガンダーと名付けられた。

間もなく大隊は他のイギリス連邦軍と共に、香港に派遣された。この遠征は日本軍の攻撃への備えであり、ガンダーも帯同していた。香港攻略戦の間、ガンダーは勇気の塊《かたまり》であったと言えるだろう。鯉魚門《りぎょもん》の戦いでは、日本軍の戦力はロイヤル・ライフルを凌いでおり、上陸海岸から順調に内陸に占領地を広げていた。だがそんな日本兵に対して、ガンダーは激しく吠えかけながら飛びかかり、手当たり次第に敵兵に噛みつこうとした。この勇敢な行動を見たロイヤル・ライフルの兵士は士気を立て直し、再編成の時間を作り出したとされる。また膠着した戦闘の中で、ガンダーは負傷者の救護にも貢献した。放っておけば捕虜になるか、戦死するしかない負傷者の側に駆け寄ると、近づいてくる日本兵に激しく吠え立てたのだ。不思議なことに、日本兵たちはガンダーを撃たず、怒れる犬を避けるように、方向を変えて去っていった。こうしてガンダーは多数の命を救ったのである。

ガンダーを真の意味で有名にしたのは、その直後の出来事であった。銃撃戦の最中、ロイヤル・ライフルの塹壕の中に手榴弾が投げ込まれた。だが、誰よりも早く気付いたガンダーは、手榴弾を口にくわえると、そのまま塹壕を飛び出して日本軍の方に向かって走り出し、仲間を危機から救ったのだ。残念なことに、ガンダーが手榴弾を捨てる前に口の中で爆発してしまい、マスコット犬は即死した。この功績は次のような文で残されている。

〈一九四一年十二月、香港島の鯉魚門の戦いにて、カナダ兵の命を救った勇気に対して。ロイヤル・ライフル・オブ・カナダのマスコット、ニューファンドランド犬のガンダーことパルは、香港島の防衛にてウィニペグ・グレナディアーズ、Cフォースの大隊司令部要員、その他のイギリス連邦軍兵士と一緒に、三度も戦闘に参加した記録を残す。ガンダーの行動によって敵の進撃は二度停止を余儀なくされ、また彼は負傷した兵士を保護した。そして敵手榴弾を処理するという勇敢な行為によって、この軍用犬は戦死した。もしガンダーが犠牲にならなければ、他の多くの兵士の命が失われたであろう〉

ガンダーの物語は、ニューファンドランドのガンダーの町で、二人の住民が思い出すまで、ほとんど忘れ去られていた。アイリーン・エルズ夫人は、パルが入営する前からこの犬のことを知っていた。というのも、一九四〇年の夏にガンダーが傷を負わせてしまった少女は、彼女の妹だったからだ。彼女はこの話を何気なく郷土史家のフランク・ティボーに語った。

俄然興味を持ったフランクの調査でニューファンドランド犬の物語は蘇り、カナダ戦争博物館はディッキン・メダルの死後追贈を依頼することで、ガンダーの足跡を称えたのであった。この推薦が実を結び、二〇〇〇年八月十五日に、ガンダーにディッキン・メダルが授与されたのである。

アンティス

一九四〇～一九四五年
ヨーロッパ／北アフリカ

Antis

〈貴君は陸と空で数多くの冒険をこなしてきたが、海戦に参加していないのは、単にその機会がめぐってこなかっただけのことであろう。貴君は数多くの戦闘に参加して、負傷を繰り返した。そして試練に直面する度に発揮した勇気と不屈の精神が、周囲の兵士を鼓舞した〉

初代ヴェーヴェル伯／陸軍元帥

チェコスロヴァキアの領土であるズデーテン地方は、一九三八年にヒトラーのナチス・ドイツによって割譲させられた。そして間もなく、チェコスロヴァキアの残りの領土は、ヒトラーの武力支配を受けた。チェコ人青年のロベルト・ヴァーツラフ・ボズデッチは、祖国を脱出して自由のために戦うことを決意した。

ロベルトはまずフランス外人部隊に入隊したが、訓練終了前にフランスがドイツに宣戦布告したので、即座にフランス空軍に入隊して、航空銃手（ガンナー）としての訓練を受けた。しかし、乗機がすぐに撃墜されてしまい、一命を取り留めたものの、徒歩で交戦地帯を抜けてフランス軍の前線に戻らねばならなくなった。広い畑を横切っている最中、ロベルトは大きな農家と納屋を見つけた。建物もその周囲も閑散としており、一部が破壊された家屋に入ると犬の鳴き声が聞こえてきた。その方向をたどってみると、納屋の隅にアルザス犬の仔犬がうずくまっているのを発見した。ロベルトは飼い主がいないか声をかけたが、返事はない。ロベルトは仔犬が自分に懐《なつ》いた様子を見て、この仔犬を兵舎まで連れて帰る決意をした。そしてなんとか自軍の兵舎に帰還すると、この仔犬をアントと名付けた。ロシア製軍用機のアントノフにあやかった名前である。

ロベルトが所属しているチェコ人義勇兵部隊の必死の戦いも及ばず、フランスはドイツに敗北し、一九四〇年六月二十二日に独仏休戦協定が結ばれた。この協定に従うと、ロベルトらチェコ人義勇兵はドイツ国民扱いになり、祖国の裏切り者となってしまう。この圧力から逃れるために、二度目の亡命を余儀なくされたロベルトは、北アフリカのアルジェに脱出するべく、アントを連れて南へ向かった。しかし途中で捕らえられてしまい、彼らはイタリアの輸送船団に乗せられた。ところが乗船中に船団はイギリス海軍の攻撃で壊滅し、海に放り出されたロベルトは、アントを肩に乗せて漂流しているところをイギリスの船に助けられた。

そしてイギリスに到着すると、今度はイギリス空軍のガンナーとなったのである。イギリス空軍に正式に入隊したロベルトは、リヴァプール近郊のチャムリー基地に配属された。英語が上達し始めたロベルトは、アント（Ａｎｔ）と名付けたつもりの愛犬を、実際はＡｕｎｔ（叔母）と発音していたことに気付いたので、間違いを根本から改めるため、名前をアンティスに変えた。アンティスは空軍基地での暮らしが気に入ったらしく、ロベルトが訓練に参加している間は、敷地内を自由に歩き、食堂で食べ物をねだったり、看護師の女性に愛想を振りまいて暮らしていた。

ロベルトは夕方になるとアンティスの散歩に外出したが、やがて軍病棟の女性看護師も一緒に散歩するようになった。彼女は週末に、リヴァプール市内にある両親の家にロベルトとアンティスを招待した。夕食を振る舞われた後で、ロベルトはアンティスを連れてリヴァプールの中心街に行こうと思い立ったが、その途中、偶然にもチェコ人の同僚のステツカと一緒になった。二人でパブに寄ってから、気持ち良く基地の宿舎に向かっていると、ドイツ軍の爆撃機が上空に現れて、リヴァプールへの空襲を開始した。ロベルトとステツカはすぐに地面に伏せると、アンティスを懐《ふところ》に匿《かくま》った。周囲の街区ではあちこちで爆発と火災が起こったが、爆撃は突然始まったのと同じように、突然、停止したように感じられた。民間防衛隊がすぐに出動して、数分前までは綺麗な街並みだった瓦礫の街をかき分けて、生存者の救出を始めていた。間もなく防衛隊の一人がロベルトに何かを叫び始めた。英語が十分理解できたわけではないが、瓦礫の中に埋もれている人の救助を、アンティスに手伝わせて欲しいという意図はすぐに理解できた。アンティスは捜索犬の訓練を受けていない、そう説明するより先に、アンティスがリードを強く引いて何かを訴え始めた。ロベルトがリードを解くやいなや、アンティスは倒壊した建物に飛び込んでいった。

暗闇の中で、照明がアンティスの後を追う。やがてアンティスは動きを止めると、地面をひっかいた。防衛隊員と一緒になって、ロベルトとステツカも瓦礫を掘り始めると、瓦礫の中から女性を引きずり出すことができた。彼女はショックを受けていたが、外傷はない様子である。そしてアンティスはすぐに次の場所を探し当てて地面をひっかき始める――このようなことが繰り返されて、遂に四人が救助された。しかし喜びも束の間、前触れもなく建物の内壁が大きく崩れ、アンティスの姿が見えなくなった。ロベルトは必死に仔犬の名を呼ぶが返事はない。しばらくすると、ようやく鳴き声が聞こえたが、呼んでもやってこない。ロベルトは瓦礫に分け入って、声がする方へ進んでいった。きっと大怪我をしているに違いないと覚悟していたが、やがて瓦礫の上にすっくと立っているアンティスの姿を発見した。なんと、犬のすぐそばには小さな赤ん坊を抱いたまま瓦礫に半身が埋もれている女性がいたのだ。すぐに救助活動が始まり、二人は瓦礫から引き出されたが、悲しいことに母子はすでに事切れていた。

　兵舎に戻ると、町での活躍を聞いた兵士たちから、アンティスは英雄として迎えられ、食堂のコックに特別な料理でもてなされた。しかしチャムリー基地での暮らしは長くは続かなかった。間もなくロベルトはホニントン基地へ異動となったからだ。アンティスの同行を強く希望したロベルトは、彼の住処を作ってやらねばならなかった。そして一九四〇年十二月から、暖房のない古い廃屋がささやかな二人の家となったのである。小屋は寒いが、悪い生活ではなかった。兵舎で飲酒がばれると、降格などの処罰の対象になってしまう。しかし廃屋までは監視の目は及ばない。一九四〇年のクリスマス、ロベルトは特別な配給食とアンティスの食糧を受け取ると、彼らの小屋に戻ってきた。ちょうど夕食が終わった頃に、同僚のステツカとヨゼフが、ウイスキーのビンを抱えて小屋にやってきた。男たちは痛飲し、アンティスも後から仲間入りしたようだ。グラスからグラスへ、楽しくビンを空けているうちに、全員、床に寝こけてしまっていた。翌朝、ひどい気分で目覚めたロベルトは、アンティスを苦労して起こさなければならなかった。愛犬は目を覚ますと一目散に消火用バケツに走り、中にある水を飲み干した。こうして喉の渇きを癒やすと、すっかり元気になったアンティスは、今度は散歩に行くよう主人に要求したのであった。

この期間、ロベルトは第311爆撃飛行隊の搭乗員として、ヨーロッパへの爆撃作戦に従事していた。ロベルトが任務で不在の間、アンティスは地上要員と一緒に飛行場で帰りを待ち続けていた。そんな中で、アダメックという名の空軍兵士は、ロベルトの乗機が見えるより先に、アンティスが伏せた姿勢から立ち上がる様子に気が付いた。アンティスは、何機も帰還してくる爆撃機の中から、主人が乗っている機体のエンジン音を聞き分けていたのである。一九四一年六月十二日の任務で、ロベルトの乗機は激しい阻止砲火によりエンジンが破壊されたばかりか、ロベルト自身も頭部に重傷を負う危機に見舞われた。損傷した機体は、なんとか海峡を渡りきり、ノリッジのコルティスホール飛行場に不時着できた。そして重傷のロベルトはノリッジ市内の病院に運ばれた。

アンティスは主人の帰りをじっと待っていたが、何機戻ってきても起き上がることはなく、遂に最後の爆撃機が到着しても、建物に入ろうとしなかった。見かねた兵士が無理に建物の中に入れようとすれば、うなり声を上げて抵抗した。意識のあったロベルトは、アンティスの世話をするようにホニントン基地の同僚に電報を打っていたが、ロベルトの言うことでなければアンティスはびくとも動こうとしないのだ。そうして二日と三晩、アンティスは滑走路の脇で空を見上げながら主人の爆撃機の帰りを待っていた。ようやく退院できたロベルトは無理を押してホニントン行きの飛行機に乗り込み、到着するや一目散に滑走路の脇に向かった。主人に気付いたアンティスは脱兎の如く走り出し、嬉しそうに吠えながらロベルトに駆け寄り、互いに抱き合って再会を喜んだのであった。

しばらくのリハビリ期間を置いて、ロベルトは任務に復帰した。数週間後、ブレーメンを爆撃した作戦で、飛行中のトラブルのために主翼に氷が付着し始めた。さらに雷雲の中に突っ込んでしまったため、機体は落雷を受けて電気系統や無線機がすべて故障してしまった。機内が緊張に包まれる中で、ロベルトは自分の肘に触ってくる何かに気が付いた、仲間の呼びかけだろうと振り向くと、なんとそこにいたのはアンティスであった。明らかに具合が悪い様子だが、ここは上空数千フィートであり、酸素が薄いのだから当然だ。ロベルトは酸素マスクを外すとアンティスに当て、ようやく意識がはっきりしたのを確認すると、密航者の存在を機長に報告した。電子機器が作動しないのでは、正確な爆撃は期待できない。機長の判断で爆撃作戦を断念し、爆撃機は基地に引き返した。そして無事に着陸すると、クルーたちは皆、アンティスを幸運の犬と見なし、以後、すべての任務にアンティスを同行させることに決めた。しかしこの日、ロベルトの爆撃機にアンティスがどうやって潜り込んだのか、誰にも分からなかった。

雲上の犬となったアンティスは、特別に作成された専用マスクを着用して、機内の床に邪魔にならないよう横たわって眠るか、クルーの作業をおとなしく見ていた。しかしある時、機体の至近で炸裂した高射砲の破片がアンティスのマスクを直撃し、左耳に大きな怪我を負ってしまう。帰還した爆撃機が駐機場に入るや、すぐに救急処置が施されたが、アンティスの左耳は垂れ下がったままになってしまった。

ロベルトの所属するクルーは、新たに「セシリア」と名付けられた爆撃機を任されたが、新型機を与えられただけあって、次の作戦は困難であった。セシリア号はマンハイム上空で激しい攻撃を受け、機体の真下で炸裂した高射砲弾のショックで機体は一瞬背面飛行状態になり、無数の破片で機体の外装はズタズタになった。コクピットの真下にも大穴が空き、オイルが噴き出してパイロットを悩ませた。幸いにもクルーは無事であったが、地表からはサーチライトが盛んに照らされており、機長はこれを避けようと必死であった。しかし機首が下がり、前のめりになった機体を立て直せず、セシリア号はどんどん高度を下げていた。今度こそ運の尽きと覚悟したロベルトは、身をかがめてアンティスの頭をなでた。

だがセシリア号はしぶとく、咳き込むようによたよたと飛び続けていた。もっとも恐れていた夜間戦闘機の襲撃はなく、厚い雲を見つけて身を隠すと、どうにか安全空域まで戻ることができた。助かったことに安堵したロベルトは、改めてアンティスの様子を見たが、愛犬の落ち着き払った様子に、むしろ違和感を覚えた。それもそのはず。懐中電灯でアンティスを照らすと、なんと彼は血だまりの中に伏せていたのだ。アンティスは砲弾の破片で腹部を負傷し、大量の血を流していたのである。ところがアンティスはクルーが機体を立て直そうと奮闘しているのを邪魔しないよう、助けを求めず、じっと座っていたのである。セシリア号が着陸すると、まだプロペラが回っているうちから、ロベルトはアンティスを抱いて飛び出して、救護室に駆け込んだ。アンティスは奇跡的に回復したが、彼の爆撃機クルーとしての任務は、これが最後になった。

一九四一年九月一日、ロベルト・ヴァーツラフ・ボズデッチはチェコスロヴァキア武功章を授与されて、軍曹に昇格した。彼が訓練に出ている間、アンティスの世話は基地の戦友に委ねられていた。ある日ロベルトは、前日アンティスを散歩に連れていったというウラディミールからの電話を受けた。その話では、アンティスが脱走して、牧畜農家の羊を追い回したとのこと。慌てて止めたが、それより先に農夫が散弾銃でアンティスを撃ってしまったという。幸い、アンティスは軽傷であったが、羊を追いかけてしまったことが問題視された。戦時中で羊毛と食肉が不足している時勢、農家には羊に害をなす犬などを射殺する許可が与えられていたからだ。農夫はアンティスの特徴と、ウラディミールの階級、軍籍番号をメモすると、警察に通報した。アンティスの案件は一九四二年三月三日に、カウブリッジのにて査問にかけられることとなり、ロベルトは気が気でなかった。

法廷に自ら駆けつけ、アンティスの功績を訴えたかったが、訓練を中断する許可など出るはずもない。ウラディミールはアンティスに同行し、ロベルトの代わりにこの犬を救うことを約束した。地元警察は職務に従い、アンティスの安楽死処分を主張した。一方、アンティスの弁護側は、この犬が三十二回もの作戦飛行に同行し、負傷していたことなど、彼の作戦参加記録を証拠として提出した。そしてウラディミールは、アンティスがどれほど爆撃飛行隊に愛され、必要とされているか、多くの隊員にアンティスが幸運犬として大事にされているかを訴えた。判事はウラディミールに一一シリングの罰金を言い渡し、アンティスを飼い主の元に戻して、厳重に管理するよう判決を下した。アンティスはこうして自由の身となったのである。

その数日後、新聞「サンデー・メール」が〈RAFの爆撃任務に同行した犬〉という見出しでアンティスを記事にした。「サウスウェールズ・エコー」紙は〈ドイツ上空まで飛んだ犬――命を救われたもう一つの旅!〉と題して一面記事で扱った。アンティスは一躍有名となり、彼の活躍は終わりの見えない戦いに挑む人々の士気を大いに高めたのであった。一方、これを教訓に、ロベルトは羊を追いかけないようにアンティスを訓練しようと決断。基地の近くの牧畜農家の協力を得て、夜の間に羊の放牧地でアンティスのリードを解いて、訓練を開始した。アンティスは物覚えが良く、二週間後には羊を追いかけたいという本能的な衝動を抑えられるようになった。

ロベルトの新たな任地となるスコットランドでも、すでに有名なアンティスには、空軍基地内を自由に歩き回る許可が与えられた。町のダンスパーティーに出かけるので、アンティスには留守番を命じたのに、いつの間にかアンティスが次のバスに乗り込んで主人を追うという出来事もあった。このバスはインバネス行きであったため、アンティスは完全に迷子になってしまい、行方不明になったアンティスをロベルトは必死に探した。この時は、偶然にもチェコスロヴァキア出身の戦友がアンティスを見かけていて、後にエヴァントン基地で預かっているという知らせをロベルトが受け取り、皆を驚かせた。この一件以来、ロベルトはダンスホールにもアンティスを連れていくようになったが、辺鄙なスコットランドでダンスに出かけるには、配給されたガソリンでは足りなかった。そこでチェコの兵士たちは金を出し合って中古車を買い、通常のガソリンの代わりに航空燃料で動くよう改造してしまった。やがて地元の人々の間でチェコスロヴァキア義勇兵の車は、あらゆるパブやダンスホールに現れる、ひどい悪臭を放つ異常に速い車として知られるようになった。

長い戦いの末に、遂にドイツは降伏した。ロベルトは退役し、アンティスと一緒にチェコスロヴァキアに帰国することとなった。一九四五年八月十三日に彼らは飛行機でプラハに到着した。戦争中のチェコスロヴァキアの人々は、連合軍に身を投じて戦っていた同胞の活躍をほとんど知らなかった。彼らは首都プラハで挙行された戦勝記念パレードで、初めてその存在を知ったのだ。ロベルトとアンティスはこのパレードに参列したが、アンティスは空軍基地の暮らしで人混みや騒音に慣れ切っていたので、石畳の上を歩くパレードを気に入ったようだ。一人の女性がロベルトの元に駆け寄ると、彼に歓迎のキスをした。

祝祭が終わると、ロベルトはチェコスロヴァキアに新たに発足した同国空軍で大尉に任命され、アンティスはまた軍用犬となった。彼らはロジーン基地に着任した。そして一九四五年十一月、ロベルトはダンスパーティーでタチアナ・ジルカと出会い、二ヵ月後に結婚した。二人は以前会ったことがあり、彼女はプラハでの戦勝パレードでロベルトにキスをした女性であった。アンティスは結婚式の間、教会に入るのを許されなかったが、二人が夫婦になったことに興奮したのか、新婚旅行について行ってしまった。ロベルトの友人であったヤン・マサリク外相は、プラハ中心部のアパートを二人に提供した。夫婦仲は良好で、まもなく息子を授かった。

だが、ロベルトの家庭生活は長くは続かなかった。一九四八年にチェコスロヴァキアでは民主主義政権が倒れ、二月二十七日には自由選挙を装って共産主義勢力が政権を掌握したからだ。スターリン主義者のクレメント・ゴットワルトは、労農警察と民兵の武力を背景に、新内閣の組閣を断行した。反共勢力の希望は、外務大臣に留まっていたヤン・マサリクに託されていた。

しかし、一九四八年三月十日にマサリクは外務省庁舎の中庭で死亡しているところを発見された。遺体はパジャマ姿という不審死であったが、当局はマサリクが最上階から投身自殺をしたと公表した。窓の桟にはひっかき傷があり、マサリクの爪には石のかけらが詰まっていたという噂が広まった。マサリクはアメリカ人の女性作家との結婚を控えていたが、スターリン主義勢力が主導権を握った新政権は、民主主義者を狙い撃ちして排除に動いていたのである。ロベルトには時間がなかった。生前のマサリクから、ロベルトが「危険人物」リストに加えられていることを知らされていたからだ。マサリクが死んで、危惧は現実のものとなった。彼は最初にチェコスロヴァキアを脱出してから九年後、再び自由を求めて祖国を捨てなければならなかった。だが、今度の逃避行は容易ではなかった。共産主義政権での栄達のためなら、ためらいなく亡命者を銃殺しようとやる気になっている、冷戦時代の落とし子のような熱狂的共産主義者が、国境付近を熱心に巡回していたからだ。鉄道や空路は、そもそも西側の自由主義世界から遮断されているので、脱出には使えない。唯一の望みは、アメリカの影響下にあった西ドイツであった。ロベルトはボヘミア地方のフュルス・イム・ヴァルトという村から徒歩で国境線を越えようと考えた。

逃避行は危難の旅となった。多くのチェコスロヴァキア人が、戦争で取り戻したはずの自由を求めれば、また国を捨てなければならない。ロベルトもその一人となったのだ。ロベルトはアントンとフランカという二人の仲間と一緒に脱出を計画した。アントンはチェコスロヴァキア空軍の将校であり、まだ十八歳の青年だったフランカは、逃避行の運転手として雇われていたが、土壇場になって自分も祖国を出たいと訴えたのである。ロベルトはアンティスを伴っての逃亡である。彼は数日間の休暇を申請した上で、露見するまでの時間稼ぎの手を打った。実はロベルトは、タチアナに自分の決意を伝えなかった。彼女なら理解してくれるという信頼はあったが、もし共産党が彼女を尋問したとしても、行き先を知らない方が彼女にとっては安全度が高いと考えたのだ。ロベルトら亡命グループは、国境沿いのフュルト・イム・ヴァルトに到着すると、夜になるまで森の中に身を潜めていた。徒歩で国境を越えるには山岳地帯と深い森、そして川があり、道のりは困難を極めていた。国境警備隊は、逃亡者を発見次第、射殺する許可が与えられている。夜になると、ロベルトはアンティスを先頭にして、その後を追うことにした。アンティスは三人を連れて、深い森に分け入った。誰もが、一つのミスで命を落としかねないことを理解していた。

アンティスはロベルトたちを置き去りにしない程度の速度で木々の間を抜けていたが、開けた場所に出ると一行は動きを止め、ロベルトはまずアンティスのリードを外して、周辺を見張らせた。ライフルや短機関銃で武装した警備隊が絶えずパトロールし、捜索犬を連れている場合もある。たいてい、アンティスは短時間姿を消すだけで、すぐに安全を伝えるために戻ってきたが、長い時間がかかることもあったので、国境への足取りはなかなか進まなかった。それでも三時間後には、一行は谷を流れる川まで到達した。対岸は西ドイツである。

最後の難関を前に、三人の男の命運はアンティスにかかっていた。ロベルトはアンティスが少し離れた雑木林の方角を気にしているのに気が付いた。犬の背中に手を添えると、筋肉が緊張でこわばっている。見張りがいるのではと警戒して、全員が息を殺して藪の中に身を伏せていた。しかしそこに現れたのは、一頭の鹿であった。本能を刺激されたアンティスは、鹿のいる方に飛び出していった。ロベルトは牧羊を相手に訓練したように、アンティスを引き返させようとしたが、周囲の見張りの注意を引いてしまうかもしれない。三人は地面に伏せて、アンティスを見守ることしかできなかった。だが、飛び出していったアンティスは、やがて立ち止まると、藪の中に再び身を潜め、鹿が草を食《は》んでいるのを凝視するだけになった。そして落ち着いたアンティスは、主人の居場所に戻ってきた。鹿もいつの間にか姿を消していた。ロベルトはアンティスを誉めながらなでたが、その手は震えていた。ようやく男たちは緊張から解放された。

アンティスは再び三人を先導して、ゆっくりと川に向かい、谷を降りていった。しかし川に向かう草地の真ん中で、アンティスは突然低く身を伏せた。男たちもこれに倣った。ロベルトがアンティスに触れると、今度も極度に緊張しているのが感じられた。月明かりの下、草地の中を森まで戻るのはもう無理であった。ロベルトたちは、人の気配を感じ取り、警備兵の出現を恐れて身動きもできなかった。ロベルトはアンティスを掻き抱き、地面に這いつくばるようにしていた。この人間の気配が自分たちと同じ亡命者なのか、それとも警備隊員のものなのかは分からない。その声はアンティスたちのすぐ側まで来たが、やがて通り過ぎ、川の方に向かっていった。

人の気配が消えて数分後、緊張が解けたアンティスは立ち上がり、三人も再び歩き出そうとした。しかしその瞬間、静寂が破られた。川の方角でサーチライトが照らされ、機関銃の射撃音と叫び声が上がったのだ。そして射撃音は、始まったのと同じように突然消えて谷の周囲は静まり返った。間もなく国境警備隊員らが行動を開始して、殺害した亡命者を確認し、後から到着した警察車両に死体を投げ入れた。警備隊員は満足したのか、互いに冗談を飛ばし合っていた。間もなくサーチライトも消え、再び、谷は静寂を取り戻した。

茂みに隠れたロベルトたちは、走り去るトラックを藪の隙間から窺っていた。アンティスと三人が潜んでいた草むらの側を通り過ぎていった別の亡命者グループは、自由を手に入れたと喜んだその刹那に命を落としたのであった。その立場に彼らがあったとしてもおかしくなかった。アンティスの警告で行動を停止したために命が助かったのだ。ロベルトは国境警備隊員が自分たちのいる方に、谷を登ってくる事態を警戒して、今のうちに安全な森まで戻ることに決めた。そして、この出来事から、西ドイツに直接向かうのは自殺行為であると理解して、新しい計画を立てることにした。

案内人役のフランカはこの辺りに詳しく、「深い森を抜けて山の稜線を越えていけば、川の上流で渡河できる」という提案をした。川は丘を取り巻くように流れているので、渡河したら丘を登って反対側に向かい、草地を抜ければそこから西ドイツに入れるというわけだ。フランカは、夜に岩場を下ることになるが、国境のフェンスはあっても、この道筋なら警備は手薄だろうし、夜間の難しい逃避行になるぶん、安全性は高いと説明した。

この意見を採用した一行は、再びアンティスを先頭に立たせて移動を開始した。そして深い森を歩き続けると、岩場に到達した。川があるのは分かるが、暗闇の中なので、ロベルトには適当な渡渉場所の見当が付かない。三人は互いに手を繋ぎ、最後尾でロベルトはアンティスの首輪をしっかり掴みながら、音を立てないようゆっくりと川に入っていった。水は氷のように冷たく、思っていたより深くて急流であったため、互いに手を握っているのも難しくなっていた。最後はみな手を離してしまい、ロベルトは自力で対岸までたどり着いたが、ずぶ濡れでとても寒かった。ロベルトは周囲を見渡したが、誰の姿も見えない。アンティスを呼びたかったが、声を出せば警備隊に気付かれてしまうかもしれないので、アンティスが自分を見つけるのを待つしかなかった。

だが、不安な孤独はすぐに終わった。気付けばアンティスが隣にいたからだ。アンティスをなでながら、アントンとフランカの二人も見つけてくるように促すと、すぐにフランカを見つけてきた。そして再び姿を消すと、今度は長い時間がかかったが、川岸で迷っていたアントンを見つけると、岩や木立を縫うようにして、彼を無事に仲間の元に連れてきた。目の前の山を見て怖じ気づいた一行は、迂回も考えたが、時間がかかりすぎるため、最初の予定通りに山を登り、稜線を越えることにした。しかし想像を超えて困難な道であった。岩場だけでなく、荒地や生い茂った草地をかき分けて標高を稼ぐだけでも難事なのに、濃霧まで立ちこめ始めたからだ。手探りで進み続けてどうやら稜線に出たものの、反対側の斜面を覗き込んでも何も分からない。このままの下山は危険と判断し、四人は岩の陰に身を潜めて暖をとった。ロベルトはアンティスに感謝の言葉を囁《ささや》き続けていた。

二時間ほど経つと、霧も薄くなってきたので、彼らはアンティスを警戒に残して、岩場の下降路を探し始めた。岩場までたどり着いた頃、突然、後方で落石と争いの気配が発生した。ロベルトはアンティスに異変があったのではと恐れて、岩棚に戻っていった。するとそこでは、アンティスが国境警備隊員を地面に押さえつけて、怒気を露わに威嚇していたのである。大型のアルザス犬であるアンティスが、これほど怒っているのを見るのは、ロベルトには初めてのことであった。ロベルトらは国境警備隊員から武器と装備を取り上げると、猿ぐつわを噛ませて木に縛り付け、すぐにその場を後にした。

急いで岩場を降りて麓を目指したが、意外にも三〇分ほどで危険な場所を抜けることができた。西ドイツが見えてきた。ロベルトらが小川を渡ると、国境を示す石積みがされた農地が目に入る。そこには土嚢で守られた木造の小屋があり、二本の電話線も敷設されていた。どうやらこれはさっき捕らえた国境警備隊員の持ち場のようだ。農地は見張小屋から丸見えであったため、もし見張小屋に誰かいれば、容易に見つかってしまうだろう。ロベルトは気が進まなかったが、アンティスに小屋を調べさせねばならなかった。

木陰に身を寄せた三人が見守る中、アンティスは慎重に小屋にたどり着くと、扉の匂いを嗅いで、ひっかいた。息を詰めて様子を見ていた三人だが、アンティスの様子から警備隊員がいないと判断すると、小屋に向かって走り、アンティスを連れて国境の小川に飛び込んだ。そしてずぶ濡れになりながら生け垣を越えて農地に転がり込んだ。遂に西ドイツにたどり着き、彼らは自由を得たのであった。

最初に到着した小さな町で、彼らは地元警察署に出頭して、亡命を申し入れた。武装解除に同意した一行は、シュトラウビングのアメリカ空軍基地に移送された。ここには他のチェコ人亡命者も集められていたが、ロベルトは彼らから妻のタチアナに起こった出来事を知った。休暇が明けてもロベルトが出勤してこないため、共産党の役人がロベルトの家を訪問し、タチアナを尋問したとのことであった。しかし幸いにも、タチアナは連行まではされず、息子と一緒に両親の家に転居していったという。だが、その後のタチアナには共産主義政権の元での辛い仕打ちが待っていた。ロベルトとの結婚と彼の亡命が災いして、彼女は政府の仕事を追われ、数年後にはロベルトとの離婚を決断しなければならなかったのだ。一九四八年二月二十七日にまで遡っての離婚として処理されたが、ロベルトがその事実を知ったのは、ずっと後のことであった。

ロベルトは亡命の地としてイギリスを選んだが、到着早々、検疫のためにアンティスを半年間隔離しなければならなかった。アンティスはハックブリッジの検疫所に収容され、イギリス空軍に復帰したロベルトは、毎週水曜日と土曜日に面会に行った。ところが一九四八年十月、ロベルトは訓練中に足を骨折してしまい、そのままインスワースの病院に送られ、患部を石膏で固められての長期入院を余儀なくされた。戦時中、負傷して病院に搬送された際に、自分が戻るまでアンティスが駐機場から頑として動かなかったことを覚えていたロベルトは、不安でたまらなかった。主人への忠誠心が強すぎるアンティスは、自分の姿を見なければ死んでしまうかもしれない。ロベルトは軍医に退院させるよう懇願したが、そんなことが許されるような症状でないのは明らかだった。

十一月一日、ロベルトはプリマス近郊のコラトン・クロス軍病院に移送されたが、そこでも医師は面会の許可を出さなかった。二週間後、ロベルトはハックブリッジ検疫所の獣医からの手紙で、アンティスが食事を摂らなくなり、重体になっていることを知った。ロベルトはその手紙を担当医に渡し、アンティスに会わせるよう懇願した。この担当医は、戦時中のアンティスの新聞報道を覚えていたので、すぐにサリー州の医療施設にロベルトを移送する手続きをとり、ロベルトは短時間ではあるが、ハックブリッジを訪問できた。

だが検疫所のスタッフは、ロベルトに別れの覚悟を促さなければならなかった。ようやく会えたアンティスは、ほとんど生気がない状態で横たわっていた。ロベルトが呼びかけても反応がない。ロベルトはアンティスの頭を抱きかかえて話しかけ始めた。するとアンティスは主人に気付いて起き上がり、三〇分後にはミルクを舐め始めたのだ。面会時間は終わり、アンティスに帰らなければならないことを示すため、ロベルトは自分の手袋を寝床の側に置いていった。ロベルトは死ぬほど後ろめたい思いで、検疫所を去らねばならなかった。短い間に祖国も自由も家族も失ったロベルトにとって、アンティスはすべてであった。病院に着いたロベルトは礼拝堂で祈り続けた。そして翌日、許しを得てアンティスを訪問すると、なんと彼は回復に向かっていた。年齢を考えれば、アンティスの完治は難しいというのが獣医の見立てであったが、ロベルトが様子を見に行くごとにアンティスは元気になっていった一九五九年一月に検疫期間を終えて、遂にアンティスは自由の身となった。アンティスはロベルトの職場である空軍基地に居場所を与えられ、ロベルトが友人たちと過ごしている週末には、客用寝室の入り口に横たわって、ベッドシーツを交換しにやってきた家人にうなり声を上げて驚かせてしまうようなこともあった。

　間もなく、アンティスはディッキン・メダルに推薦され、一九四九年一月二十八日にアールズコートにてＰＤＳＡからメダルを授与された。その推薦文には次のように書かれている。

〈チェコ人の航空兵と歩んだこの犬は、一九四〇年から一九四五年までフランス空軍とイギリス空軍に奉職し、北アフリカとイギリスで主人と行動を共にした。戦後にチェコスロヴァキアに戻ったが、ヤン・マサリクの死後、共産主義から逃れるために国境を目指した主人の逃避行を助けた〉

ロベルトはイギリス空軍で戦時中の軍曹の階級に復帰し、一九五一年六月二十二日にイギリス国籍を取得した。彼はスコットランドに着任し、アンティスは日中は基地の中で自由に過ごし、食堂のコックから食事を与えられて、イギリスでの暮らしを楽しんだ。しかし一九五二年暮れの冬は、老齢のアンティスには堪えたようだ。ホニントンやハックブリッジで主人を待ち続けたことや、爆撃機搭乗中に受けた傷、その他、ロベルトと一緒に生きた中で経験した疲労や負傷が、アンティスを衰弱させていたのだろう。アンティスは兵舎のベッドをロベルトとシェアしていたが、アンティスの筋力が衰え、胸に乗せられたアンティスの頭が、日々、重くなるのをロベルトは感じ取っていた。ベッドの下の本来の寝床に向かうように命じても、アンティスは動くのを嫌がった。それでもゆっくり立ち上がり、ベットを降りようとしたところで、アンティスはばったりと倒れてしまった。

　アンティスに最期の時が近づいているのは明らかであった。立ち上がれなくなり、食欲も失われている。地元獣医に望みを託したロベルトは兵舎に戻り、寝台の横に置かれた仲間や家族との写真を手に取った。そして、アンティスだけが自分と故郷を繋ぐ唯一の存在であることに打ちのめされそうになった。途方に暮れたロベルトは、救いを求めてＰＤＳＡに手紙を書いた。その返事は次のような電報であった。

〈旧友の最期を惨めなものにしないよう、墓所を用意いたしました〉

　ロベルトは覚悟を決めた。彼はアンティスを連れて最後の散歩をして、一緒の時間を過ごした。そして翌日、彼らはＰＤＳＡのイルフォード本部に向かった。アンティスは外科の処置台に乗せられた。傷を負った左耳は垂れ下がり、もうすっかり弱り切っていた。それでも目の奥にはまだ鋭い警戒心を残しているアンティスを、ロベルトは涙を流しながら抱くことしかできなかった。そして獣医はアンティスを苦しませず、静かに処置したのである。

　アンティスは一九五三年八月十一日に十四歳でこの世を去り、イルフォードのＰＤＳＡ墓地に埋葬された。墓碑銘にはヒューバート・ペリーの有名な「Songs of Farwell」の一節が刻まれている。

There is an old belief,
That on some solemn shore
Beyond the sphere of grief,
Dear friends shall meet once more.

いにしえからの信念にあるように、
悲しみの帳《とばり》を越えた
荘厳な浜辺にて
親愛なる友は再び出会うであろう

そして墓碑銘の最後には〈Verny Az Do Smrti〉とチェコ語で刻まれている。「死ぬまで忠実であった」という意味である。

プリンセス

一九四三年
エジプト

Princess

本書では、戦地に限らずとも、たぐいまれな勇気と決断力によって、極度に危険な数々の任務を成し遂げた動物も紹介している。エジプト原産の雌鳩のプリンセスは、極めて困難な特殊任務を成功させている。

エジプト、アレキサンドリアのイギリス空軍基地で訓練されたプリンセスが、重要機密の伝達任務に選ばれたことは分かっている。しかしプリンセスがいかなる諜報員に同行して、どのような情報を運んでいたのかは明らかにされていない。この種の諜報活動が外部に漏れるのは、よほどのイレギュラーであり、そのさらに内側に隠されているプリンセスの足環の中身について、我々が知る術はおそらく永久にない。

それでも任務の一端を窺うことはできる。一九四三年四月、クレタ島での秘密任務に帯同していたプリンセスは、秘密情報を携えて放鳥された。この時のアレキサンドリアまでの飛行距離は五〇〇マイル（約八〇〇キロメートル）もあり、しかも行程の大半が地中海の洋上であった。

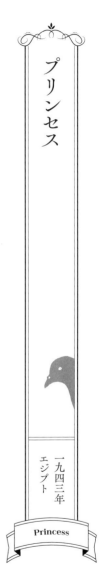

休息も食糧を得る手段もなく、伝書鳩にとって極めて困難な帰巣任務となる。それでもプリンセスは四月十四日の午後四時三〇分にアレキサンドリアの空軍基地に帰還した。これは国立伝書鳩局において、もっとも優れた帰巣飛行の一つとして記録されている。

このような英雄的な働きをした従軍動物にとっては、戦費や、負傷した動物の維持経費の調達、あるいは戦意高揚を目的としたパレードやイベントへの参加も重要な役割である。プリンセスもカイロで催されたこの種のイベントに駆り出されたが、運悪くそこで感染症にかかってしまう。そして一九四六年五月に授与されたディッキン・メダルを見ることなく、死んでしまったのである。

第五章

世界に飛躍した英雄

5.Heroes Abroad

ラッキー

一九四九～一九五二年
マレーシア

Lucky

　第一次世界大戦後、イギリスの直轄地になったマラヤ連邦は、一九四一年に日本軍の侵攻を受けて、守備するイギリス軍は一九四二年二月に降伏、以後三年間、住民は日本の占領下で苦しい生活を余儀なくされた。占領下のマレー半島には、マラヤ人民抗日軍（ＭＰＡＪＡ）が結成され、イギリスは日本軍を背後から苦しめるために、この組織を支援していた。一九四五年九月、マレー半島を掌握した共産主義勢力は、当初、ここに共産主義政権を立ち上げるつもりで動いていたが、迅速に支配権を取り戻したイギリスは、今度は共産主義政権の樹立を阻止するためＭＰＡＪＡを排除した。ＭＰＡＪＡは解散を強いられ、構成員の多くは武器や装備を抱えてジャングルに拠点を移したのである。マラヤ共産党は合法組織であったものの、各地でストライキやゴム栽培のプランテーションへの攻撃、マラヤの一般住民への威嚇行為を扇動していたため、一九四六年六月に非合法組織として指定された。これを受けて共産主義勢力は旧ＭＰＡＪＡの同志が潜伏しているジャングルに武器を持って逃れ、武力闘争

の準備を開始した。こうして新たに編成された共産ゲリラは、暴力的な作戦を厭わずに各地のプランテーションを襲い、地雷を仕掛けて住民を殺害したのである。

　マラヤには非常事態宣言が発せられ、コールドストリーム、ロイヤル・スコッツおよびグルカ兵部隊などが展開した。これらの駐屯部隊に、ボビー、ジャスパー、ラッシー、ラッキーという名前の四頭の軍用犬も配備されていた。部隊の目的は、まず第一にゲリラ勢力の攻撃を食い止めて、住民の安全を確保することであり、次にテロリストを先んじて攻撃して、無力化することであった。

　ボビー、ジャスパー、ラッシー、ラッキーの四頭は、熱帯雨林内のテロリスト捜索任務に投入された。マラヤのジャングルは灼熱地帯で、植物の密度も高いために、捜索は困難を極めた。この時にラッキーを担当したのはベベル・オースティン・ステイプルトン伍長（通称「ベブ」）であった。彼とラッキーはその後三年にわたり、切っても切れない関係となっていく。

　一九五一年十二月三十一日、捜索任務中のラッキーとベブは、草地に隠れている敵から銃撃を浴びせられた。彼らは激しい銃撃に身動きできず、テロリストが逃走した方向を確認できなかった。それでも態勢を立て直したラッキーは追跡を開始し、ベブを先頭にしてパトロール隊員が後に続いた。彼らはなるべく音を立てないようにジャングルを移動し、テロリストが付近に隠れていることを知らせるラッキーのサインを確認すると、慎重に包囲隊形をとって、テロリストの拘束に成功した。二月三日には、ラッキーはイギリス空軍と警察によって組織された反乱軍掃討作戦に参加した。テロリストに航空攻撃を行い、地上部隊が仕掛けた罠に追い込んで一網打尽にするという連携作戦である。

この任務には遭遇戦が発生する危険があったので、接近する敵の発見に長けたラッキーをはじめとする軍用犬が成功のカギであった。スティーブン・R・デイヴィス著『RAF Police Dogs on Patrol』には、反乱軍が最初に目撃する敵の多くが、軍用犬というケースが多いことが記載されている。

一九五〇年一月二十一日、グリーン・ハワード連隊の兵士が、沼沢地帯にテロリストを追い込むのに成功し、その捜索活動にステイプルトン伍長とサックレイ伍長の、二人の軍用犬ハンドラーが呼び出された。現場に到着した二人は、状況説明を受けると、軍用犬を使って周辺の捜索を開始した。ボビーとラッシー、二頭の犬は沼地に飛び込んだが、その直後に異変が起こった。ボビーが痙攣して沈み始め、その襟首を噛んで掴み、引き上げようとしたラッシーも一緒に沈んでしまったのだ。ステイプルトンは、たくさんの魚が死んで浮かんでいるのを見て、異変の正体に気付いた。銃撃戦の流れ弾に当たったのだろうか、切れた電線の末端が水中に浸かっていたのだ。二頭の軽軍用犬は三万ボルトの電流でほぼ即死してしまったが、その行動が警告となり、ハンドラーやパトロール隊は危険を避けられたのであった。

別のパトロール任務では、ベブが藪の中に敵の姿を認め、警報を発したことから銃撃戦が始まった。銃弾が飛び交う中を、ラッキーはひるむことなく敵の発見地点に突進した。そしてラッキーは手榴弾とライフルを発見し、これを手がかりに同じ臭いの持ち主を追跡した。すると突然、男が駆け出すのが見え、その男はパトロール隊に射殺された。この男は地元住民の命を多数奪っていたラン・ジャンサンであったことが判明した。

一九四九年から一九五二年までの三年間に、四頭の軍用犬は警察部隊やロイヤル・スコッツ第2大隊、コールドストリーム・ガードの作戦に参加して、任地では仲間であるだけでなく、時に部隊を守る犠牲となり、あるいは部隊を先導して作戦に貢献した。四頭と二人のハンドラーの決断力や、ジャングルでの追跡能力は、多くの共産ゲリラを捕獲し、犠牲と被害の拡大を抑えることに寄与した。ボビー、ジャスパー、ラッシー、ラッキーの四頭は、マラヤの灼熱のジャングルという過酷な環境にもかかわらず、献身的に任務に取り組んだのだ。しかし悲しむべきことに、マラヤでの任務を無事に終えて、イギリスに帰国できたのはラッキーだけであった。

マラヤ連邦で活躍した軍用犬に対するディッキン・メダル授与に関しては、PDSAの決定まで時間がかかった。候補となる四頭のうちのどの一頭に授与すべきかの判断が難しく、投票の結果、ラッキーが選ばれた。二〇〇七年二月六日、ラッキーの代理人として勲章を受け取ったベブは、マラヤでのラッキーたちの活躍が認められたことを、心の底から喜んでいた。彼らは苦しいジャングルでの任務を支え合った戦友であったからだ。ベブは三六年間の現役生活を終えて退職していた。メダルには次のような添え書きが用意されていた。

〈マラヤ連邦での作戦中、市民警察およびコールドストリーム・ガード、ロイヤル・スコッツ・ガード第2大隊、グルカ部隊など、イギリス陸軍の諸部隊にて活躍したボビー、ジャスパー、ラッシー、ラッキーら、空軍警察対テロ捜索犬チームが見せた勇気と任務への献身を顕彰する。ボビー、ジャスパー、ラッシー、ラッキーの四頭は、たぐいまれな決断力と人命救助の能力を発揮した。ハンドラーと力を合わせ、過酷な灼熱のジャングルで敵を追跡し、その位置と動きを探れるチームとして、紛争終結まで活躍したのである〉

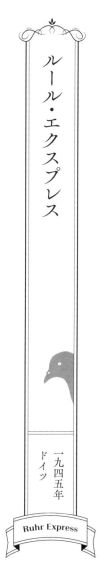

ルール・エクスプレス

一九四五年
ドイツ

Ruhr Express

一九四五年初頭、ドイツ軍は全般的に後退局面にあったが、前進する連合軍に対して反撃し、ドイツ国境の戦線を安定させるために、ルール渓谷一帯に部隊を集結させていた。三月までに約四〇万のドイツ軍将兵がこの地域に集結したが、西側連合軍も大規模な攻撃計画を準備していた。この戦闘に勝利すれば、実質的に第二次世界大戦は終わるからだ。ルール地方は、ドイツの産業中枢であると同時に、主要都市が集中しているので、開戦以来、継続して連合軍の激しい空襲の対象となっていた。ルール地方は、ライン川によって西側の攻撃から守られている。もし連合軍がこの川を越えてルール地方に侵攻してくれれば、ベルリンまで遮るものなく、北ドイツ平野を一直線に突き進むだろう。そして英米軍の連携作戦によりライン川は突破され、間もなくルール渓谷一帯が包囲下に置かれてしまうのを、ドイツ軍は恐れていた。

包囲環の中では、ドイツ軍師団二一個と多くの民間人が、瓦礫になった都市で飢えながら生活をしていた。四月四日、アメリカ第1軍と第9軍は、包囲下にあるルール地方に空挺部隊を投入して、敵師団の位置や砲兵陣地、敵の全般的な戦意に関する情報収集をした後に、最終攻撃を開始した。

登録コードNPS・43・29018、またの名をルール・エクスプレスと呼ばれた伝書鳩は、首の周囲に緑と青の光沢のある、大きなダークチェッカーの雄鳩であった。デトリング空軍基地で訓練を受けたこの鳩は、二年と半年の間、緊急通信任務などで優秀な実績を残し続けていたことから、ルール地方の戦線後方へのアメリカ軍の空挺降下作戦にも同行した。小さなケージに入った状態で、三〇〇メートルの低高度から空挺隊員と一緒に降下するのは、鳩にとってそもそも危険な行動であるが、この鳩が予行演習で無事であった実績から、他の鳩にも適用できる目処が立った。こうしてルールへの空挺降下に同行する伝書鳩が選別されたのである。空挺部隊はルール渓谷に降下し、敵軍に関する重要な情報を伝書鳩に託すというのが作戦の骨子であった。

空挺部隊の兵士たちは輸送機から次々に飛び降りていく。そしてルール・エクスプレスをはじめ、小さなケージに入れられた伝書鳩は、空挺隊員の一部となって威力偵察に向かった。そして情報収集を終えた部隊では、敵情のレポートを書き込んだ紙片をルール・エクスプレスの通信筒に入れて、危険が少ない夜のうちに飛び立たせたのであった。ルール・エクスプレスは陸地と海を越えて、巣箱を目指して一晩で三〇〇マイル（約四八〇キロメートル）を飛んでゆかねばならなかった。そしてこの伝書鳩は任務を見事にやってのけ、作戦本部はルール侵攻作戦に必要な情報を得られたのである。

連合軍司令部では、伝書鳩による戦線後方の敵情をはじめ、様々な情報を総合して、攻撃計画を立案した。ルール地方は、包囲が完了してからわずか二週間後の四月十八日に陥落し、二十一日に最後の部隊が降伏した。間もなくヨーロッパの戦争は終わり、ルール・エクスプレスは自由のために戦う兵士と住民の多くの命を救ったのである。

ルール・エクスプレスは戦後、各地のショーや祭典に招かれた。戦争の英雄であった小さな鳥は、今度は観客を喜ばせる任務をこなした。そして落ち着いた世の中になり、ベスナルの鳩舎で平和な暮らしを楽しんでいた時に、ディッキン・メダルを授与されたのである。

〈一九四五年四月、イギリス空軍の伝書鳩であったこの鳥は、ルール包囲網の中から、驚くべき速度で重要な情報を持ち帰った〉

その後、ルール・エクスプレスは空軍慈善基金と連合軍軍用動物戦争メモリアルの資金集めの一環として、チェルシー王立病院の敷地で行われたPDSA主催のオークションにかけられた。どんどんつり上がる入札金額に、観客は驚きを隠せなかった。最終的に四二〇ポンドもの高額落札となった。これは戦後、一九四五年末という時期にはかなりの大金であった(訳注：乳牛六頭分の価格、あるいは熟練工の約三〇〇日の日当)。それまでの伝書鳩の最高落札金額は、一九二五年に記録された二二五ポンドであった。新たなオーナーは、ルール・エクスプレスの他にペル・アードゥアという名の雌鳩を落札していたが、この二羽を交配して、新たに優秀な伝書鳩の系統を興そうと考えていたのだ。ペル・アードゥアは一九四四年にジブラルタルに送られたが、ホームシックにかかっていたようだ。巣箱に二週間入れられて、十分に馴染んだと思われたタイミングで初飛行をしたところ、彼女は新しい巣箱には戻らず、イギリスのジリンガムを目指してしまったのである。その距離は一〇〇〇マイル(約一八〇〇キロメートル)もあったが、疲労困憊の体ながら、無事に到達した。驚くべきは一二日間という到着までの日数で、これは、それまでの一〇〇〇マイルの最短記録とされていた一六日間を大幅に短縮してしまったのだ。ペル・アードゥアは脱走したことをさておいて、この長距離飛行記録により賞賛を受けた。そしてこの二羽からは長距離飛行に優れた伝書鳩が多数輩出され、偉大な血統の始祖となったのである。

ウィリアム・オブ・オレンジ

一九四四年
オランダ

William of Orange

一九四四年の晩夏、ノルマンディー海岸でドイツ軍を破った連合軍は、フランス、ベルギー国内に迅速に進出した。イギリス軍の場合は前進が速すぎたため、通信や補給などの後方支援と前線の距離が開きすぎるほどであった。しかし後退するドイツ軍に立ち直りの時間を与えないためにも、前進を止める訳にはいかない。そこでイギリス軍はオランダに軍を進めて、北海に接続する内海であるゾイデル海付近まで進出することが決まった。この先のライン川はドイツ侵攻の最後の障害であり、数少ない橋を確保しなければならなかった。

　この一環として、イギリスのモントゴメリー元帥は、連合軍の空挺師団を大規模に投入してライン川の東岸に橋頭堡を獲得するという内容の、「マーケット・ガーデン作戦」を立案した。アメリカの第101と第82空挺師団、そしてイギリスの第1空挺師団が、ライン川西岸域と、ライン川にかかるアルンヘムの橋を空挺降下で占領している間に、地上部隊が突進して、一挙にライン川東岸まで突破する計画が立案された。この作戦が成功すれば、連合軍はドイツ中枢部に直接侵攻できるようになる。モントゴメリーは少しでも早く戦争を終結させようと考えていたこともあり、この作戦の立案には多くの時間をかけなかった。空挺部隊はアイントホーフェンからアルンヘムに至る最短距離の主要道路の橋を中心とするゾーンに降下して、各師団の持ち場を守り、地上部隊が到着するまで持久するのが作戦の基本であった。

攻撃の主力となるのは、ブライアン・ホロックス中将麾下《きか》のイギリス第30軍団で、アルンヘムまでの途中の橋については、アメリカ第101空挺師団がフェーヘルの運河橋、第82空挺師団がナイメーヘンとフラーフェの橋をそれぞれ確保し、アルンヘムの橋はイギリス第1空挺師団とポーランド独立第1空挺旅団が確保する計画であった。急遽決まった作戦であったが、支援は十分に与えられた。一九四四年九月十七日、輸送機の大編隊がイングランド南部の各基地から発進した。その機列は幅一六キロメートル、長さ一五〇キロメートルにも達する、空前の規模の空挺作戦であった。空挺部隊と一緒に降下するグライダーには、ジープや小型トラック、野砲の他に、ドイツ軍が橋を爆破した場合に備えて、仮設橋の資材も積載されていた。イギリス空挺部隊が降下するアルンヘムとオスターベークは湛水地《たんすいち》に囲まれた低地であるため、作戦は困難であった。

　諜報の段階では、この作戦でイギリス空挺部隊が直面する敵は、老人や少年兵中心の二線級部隊や、連合軍側に寝返るタイミングだけを窺う占領オランダ部隊ばかりであると見なされていた。しかし、未だに根本的な理由は不明であるが、精鋭中の精鋭であるドイツの武装親衛隊、第9SS装甲師団と、第10SS装甲師団の所在を掴み損ねるという致命的なミスを犯していた。加えて墜落したイギリス軍のホルサ・グライダーの積荷に、マーケット・ガーデン作戦の計画書一式があり、これがドイツ軍の手に渡るという不運も重なった。この情報を元に、ドイツ軍は主要道路を使ってアルンヘムに急行してイギリス空挺部隊を襲い、後に「地獄のハイウェイ」と呼ばれる苦戦をもたらすのである。

　アルンヘムで戦った第1パラシュート旅団第2大隊にはウィリアム・オブ・オレンジ（訳注：オランダの有名な貴族であるオレンジ公ウィリアムに由来）という名の伝書鳩が帯同していた。チェシャー州ナッツフォード近郊、ベクストンハウスに居住するサー・ウィリアム・プロクター・スミスが一九四二年に育成した伝書鳩で、二十一番目にディッキン・メダルを授与された従軍動物となる。見た目の美しい雄鳩で、対ドイツ諜報機関のＭＩ14での訓練中に、六八マイル（約一一〇キロメートル）を一時間を切る速度で飛行している。このようなスピード飛行の才能に恵まれたウィリアムが、ひときわ危険な作戦に従事する第２大隊に割り当てられたのだ。大隊長のジョン・フロスト中佐の指揮の下、第２大隊の将兵は武装親衛隊と交戦しながらアルンヘムの橋まで到達した。しかし通信機が不調で、ロイ・アーカート師団長はこの情報を知らなかった。橋をめぐる戦闘は時間経過と共に激化し、第２大隊が橋を保持するには増援は不可欠であったが、なんとしても四日間、橋を確保するようにとの命令しか下されていない。最終的に彼らは九日間も持ち場を死守したが、状況は悪化するばかりであった。

一方、第30軍団の側では、予期していなかった二個ＳＳ装甲師団の出現により、アルンヘム道路橋への前進を阻まれていた。アルンヘムで頑強に抵抗していた空挺部隊も、最終的には武装親衛隊の攻撃で撃退された。空挺部隊には持ち場を離れて、オスターベークの西の高台に退却するよう命令が出されたが、混乱の中で伝達されず、一部が本隊と切り離されて孤立してしまった。激しい銃撃戦と砲撃によって身動きができない部隊では、無線通信機も壊れていた。重火器もなく、弾薬、食糧、水、医薬品などすべてが不足していた空挺兵は、ドイツ軍の間断のない攻撃を受けて消耗していた。ドイツ軍はまず孤立した空挺部隊の排除を優先して、徹底的な反撃に出ていたのである。

窮地に追い込まれた第2大隊は、師団司令部へ敵の反撃状況を知らせると同時に、航空支援の要請を記した報告書を作成すると、そのメッセージを伝書鳩のウィリアムに託したのであった。もっともウィリアムはナッツフォードの作戦司令部に帰還するよう訓練されているので、この時に、同じくアルンヘムを攻略中の師団司令部に直接メッセージは届かない。飛行時間は長くなってしまうが、それでも窮状を打開して安全に撤退するためには、他の大隊との連絡回復は優先事項であった。

夕暮れを狙い、二人の兵士が森の中にある橋に向かい、そこから救援メッセージを携えたウィリアムを放鳥することが決まった。九月十九日の夜一〇時三〇分、兵士たちはウィリアムを入れた小さなケージを抱えて持ち場を飛び出したが、攻撃に前のめりになっていたドイツ軍は、この動きには気が付かなかった。二人は予定の橋まで到着すると、ウィリアムの通信筒にメッセージを入れて放鳥を試みた。しかしウィリアムは飛び立たず、兵士たちの焦りも気にせずに、橋の手すりに止まって羽を休めていた。兵士たちは脅しつけてでも飛ばそうとしたが、ウィリアムは言うことを聞かない。業を煮やした兵士は、ステンガン（訳注：イギリスで開発された簡易生産型の短機関銃）を使って威嚇射撃を浴びせ、これに驚いたのか、ようやくウィリアムは飛び立っていったのであった。

最初は渋っていたウィリアムだが、本気を出せばその能力は折り紙付きである。彼はイギリス本国の巣箱まで二六〇マイル（約四二〇キロメートル）の距離を、四時間二五分で飛び渡った。この時の気象条件は、決して良くはなかったにもかかわらず、平均時速は六一マイル（約九八キロメートル）で、快挙と評価できる記録であった。もっとも、戦況の動きはウィリアムの翼よりも速かった。残念なことに、増援を編成、投入するには時間が足りず、第2大隊の兵士たちは総攻撃を受けて壊滅状態となってしまった。だがフロスト中佐以下、勇敢に戦った兵士たちの記録は、今も戦史に残っている。またウィリアムがもたらした報告もすべてが無駄にはならず、第2大隊壊滅の状況を理解した上級司令部の判断で、アルンヘムの空挺部隊には全面退却が命じられた。こうしてマーケット・ガーデン作戦は失敗した。九日間の戦闘の後で、二十五日の夜から、イギリス第1空挺師団の撤退作戦が始まった。ドイツ軍に傍受されるのを想定して「ベルリン作戦」という偽装名で実施された撤退作戦は、ウィリアムがもたらした情報が助けとなり、部隊はニーダーライン川を渡河して退却できた。翌日までに二〇〇〇名が退却したが、殿《しんがり》を務めた三〇〇名は川の北岸に取り残され、翌朝のドイツ軍の攻撃で退却作戦は中止となったため、降伏を余儀なくされた。マーケット・ガーデン作戦における連合軍の犠牲は一万三〇〇〇名に達し、イギリス第1空挺師団は1万名の兵士のうち、二〇〇〇名しか生還できなかった。そしてアルンヘムは一九四五年四月までドイツ軍が保持することとなったのである。

空挺部隊は低湿地での作戦に適した装備を欠き、多数の運河に阻まれて第2大隊は孤立し、壊滅した。オランダのレジスタンス組織からの情報は適切に活用されず、「地獄のハイウェイ」をめぐる戦いでは、空挺部隊のみならず、アルンヘムを目指す第30軍団も計画通り進撃できなかった。この九日間の戦いで、武装親衛隊の元には五〇両の重戦車の増援がもたらされたが、空挺部隊にはこの火力に対抗する術がなかったのである。

それでもウィリアムがメッセージを無事に届けたことで、少なくとも一〇〇〇名の兵士が適切な指示を受けて撤退できたのは、敗戦の中での幸運であった。この功績からウィリアムにはディッキン・メダルが授与された。戦後はサー・ウィリアム・プロクター・スミスの手元に戻り、退役後の生活を過ごした。その一〇年後の話として、ウィリアムが「多くの優れた伝書鳩の祖父」になっていたことが伝わっている。

リッキー

一九四四年
オランダ

Ricky

〈この話は誇張ではないんだ。我々は地雷原のど真ん中にいた。ほんの三フィートのところに地雷があったんだ。それなのにリッキーはジブラルタルの岩のようにどっしり構えているように見えた。彼が冷静でなければ、あの泥濘から無事に抜け出せたとはとても思えないんだ〉

リッキーは、ケント州ブロムリーで暮らしていたリッチフィールド夫人が、仔犬の頃から飼っていた、毛並みの良いウェルシュ・シープドッグである。戦争省が従軍動物を必要としているという知らせを見た夫人は、リッキーを託すことに決めた。リッキーはモーリス・イェルディング氏が訓練担当となり、地雷探知犬としての訓練を受けた。一九四四年十二月三日、退却を続けるドイツ軍は、連合軍の追撃を阻止するために、各地に地雷原を残しており、リッキーはネーデルウェールトで、運河の周辺に設置された地雷原探知にあたっていた。リッキーが発見した地雷を、工兵士が除去するのである。ところがある日、地雷除去作業の最中に運河の縁で部隊長が地雷を誤って作動させて戦死し、この爆発に巻き込まれてリッキーも頭を負傷して、聴力を失ってしまった。しかしリッキーは動じず、負傷しながらも冷静に周辺の地雷探知を続けた。部隊指揮官を失う中で、非常に危険な任務を続けるリッキーの姿に、隊員たちは冷静さを取り戻し、適切な判断ができたのである。この功績により、リッキーはディッキン・メダルの推薦を受けた。もしリッキーもパニックになっていたら、自分自身だけでなく、周辺で作業中の隊員にも危険が及んでいたに違いない。

一九四七年五月、ＰＤＳＡはリッキーへのメダル授与を決定し、リッキーはフレデリック・ボウヒル空軍大将から勲章を授与された。重傷を負いながらも任務を続けた献身を称えるために、リッキーの肖像画も残された。地雷で部隊長が失われるという異常な状況下で、パニックに陥らず、誰よりも冷静に自分のすべきことを続けたリッキーの振る舞いは、特筆すべきものである。そして運河周辺の地雷はすべて除去され、部隊は任務を全うできたのである。

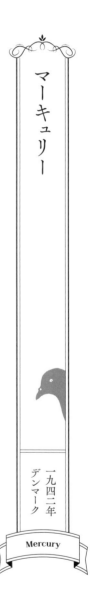

マーキュリー

一九四二年
デンマーク

Mercury

イプスウィッチの住民、キャッチポール氏が育てた伝書鳩のマーキュリーは、三十八番目のディッキン・メダル受賞動物となった。多くの伝書鳩は激戦地からの脱出や、悪天候の中での決死の飛行が認められてメダルを授与されたが、マーキュリーの功績はちょっと変わっている。

青みがかった美しい雌鳩のマーキュリー（NURP・37・CEN・335）は、一一羽の仲間と共に陸軍鳩舎から選ばれ、デンマークのレジスタンスのために働くことになった。デンマークで地下活動を行っているレジスタンスに渡された鳩たちは、ドイツ軍の配置や輸送状況に関する情報を通信筒に収め、イギリスに届けるのである。ほとんどの飛行ルートが洋上であるため、長距離飛行能力が優れている鳩でなければこなせない任務である。イギリスと連絡を取り合うレジスタンスの拠点はデンマーク本土の北端付近で、ドイツ軍の海運、輸送状況の詳細なレポートが作成されると、情報伝達はマーキュリーを含む一二羽の伝書鳩に託されることになっていた。そして一九四二年七月二十六日の早朝に、伝書鳩が一斉に放たれた。イギリスまで五二〇マイル（約八二〇キロメートル）を飛行する過酷な任務である。

しかし、数日経っても戻ってくる鳩はいなかった。飛行距離が長くなるほど、ハンターに撃たれたり、猛禽類に襲われたり、疲労で海に落ちたり、帰巣本能を失って迷子になるなどのトラブルに見舞われやすくなる。こうして、デンマークでの任務に使われた鳩は、すべて失敗したと見なされた。ところが放鳥から四日後の七月三十日に、一羽だけ鳩舎に戻ってきたのだ。それがマーキュリーであった。彼女はメッセージをしっかりと携えて、特に疲れた様子もなく巣箱に戻ってきた。最終的に一二羽のうち帰巣したのはマーキュリーだけであった。この功績から、彼女は陸軍伝書鳩局でも最優秀の一羽と認められた。

一九四六年九月七日、PDSA主催のチェルシーでの祭典で、マーキュリーはディッキン・メダルを授与された。顕彰文には次のように書かれている。

〈一九四二年七月、陸軍伝書鳩局のこの鳩が、北デンマークから四八〇マイルの飛行を成し遂げた功績を称えて〉

ボブ

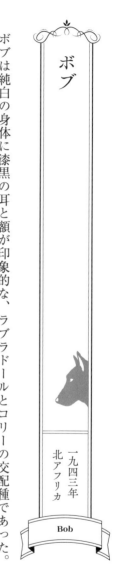

一九四三年
北アフリカ

Bob

ボブは純白の身体に漆黒の耳と額が印象的な、ラブラドールとコリーの交配種であった。軍用犬として訓練を受けた後に、兵站担当のクレゲット曹長がハンドラーとなり、彼らは戦場で素晴らしいパートナーシップを育んだ。一九四二年、彼らは北アフリカに配置され、第6クイーンズ・オウン・ロイヤル・ウエストケント連隊のC中隊で敵地偵察任務に従事した。仲間の歩兵と同じように、カモフラージュ・ベストを着用したボブは、パトロール部隊の先頭で、敵の気配を掴もうと常に周囲に注意を払っていた。

一九四三年一月、北アフリカのグリーン・ヒルと呼ばれた一帯で、ボブはメッセージ・キャリアを務めていた。偵察によって確認した敵陣地や補給路などに関する情報報告を友軍司令部まで持ち帰る仕事である。偵察中に敵が近づけば、ボブは警戒行動でそれを隊員に知らせる。当然、隊長には詳細は分からないが、もし部隊を不適切な方向に移動させようとすれば、ボブは決して動かないので、これを見た隊長は次の手を考えることができる。最新情報では現地点に敵はいないはずであったが、ボブは動こうとしない。そこで部隊は草むらに身を潜めて周囲を警戒した。

予感は的中した。間もなく部隊の前に敵の歩哨が姿を現すと、一〇メートルほど先を通過していったのだ。間一髪であったが、この遭遇により新しいドイツ軍陣地の所在が確認された。偵察隊は静かに敵陣地から距離をとったが、その間、ボブは慎重に周囲の気配を探り、ドイツ兵の接近を警戒していた。もしボブがいなければ、この遭遇戦で部隊は全滅していただろう。

「銃撃戦の最中でも彼は動じなかった。彼は最高の軍用犬なんだ」と、クレゲット曹長はボブの想い出を語る。

ボブに命を救われた兵士たちは、ボブのカモフラージュ・ベストに連隊の部隊章と勲章を縫い付けて、彼の活躍を称えた。やがて戦争が終わり、クレゲット曹長は退役して市民生活に戻ることになった。ボブとの別れに際して、曹長はボブが見知らぬ他人から命令を押し付けられるのを極端に嫌うことを後任者に警告していたが、これは十分に届かなかったようだ。ボブがイタリアの任地からイギリスに戻るまでの費用は、連合軍マスコット・クラブが負担することになり、ボブはミラノ駅まで輸送されたが、そこで係員の隙を見て、首輪を外して逃亡してしまったのだ。ボブの姿は駅の雑踏に消え、周辺を捜索しても見つからなかった。
戦争省とマスコット・クラブの担当者はボブの姿を追い、ラジオを通じてイタリア市民にも情報提供を求めた。しかし遂にボブの行方は判明しなかった。ボブとクレゲット曹長の三年にわたる切っても切れない間柄が知られていたこともあり、ボブの失踪は多くの人を悲しませた。そして一九四七年、ボブへのディッキン・メダルが、元ハンドラーに授与されたのであった。

〈第六クイーンズ・オウン・ロイヤル・ウエストケント連隊に所属していたボブは、北アフリカのグリーン・ヒルにおける警戒任務に献身した。彼が成し遂げた多くの任務は、このメダルに値する〉

マキ

一九四三～一九四四年
フランス

Maquis

一九四〇年六月にフランスが敗北して、フランスの主要部がドイツの占領地になると、それを嫌った多くの男女が故郷や家族の元を離れて山岳地帯に身を潜めた。彼らは組織化されるに伴って、ドイツ軍の鉄道や飛行場、兵舎への破壊活動を開始した。このようなゲリラ組織は、かつてのコルシカ島で抵抗運動が盛んだった時代、その象徴となった山岳地の灌木地帯の名にちなんで、「マキ」と呼ばれるようになった。マキの任務は死と隣り合わせであり、多くの構成員が命を落としている。ドイツ軍はマキが引き起こした損害に対して、地元住民への迫害で応じることもあった。

ＮＰＳ・４３・３６３９２は青地のチェッカー模様の雄鳩で、一九四二年にベドフォードのグラットン・ロードでブラウン兄弟に育てられた優秀な伝書鳩であった。この鳩が、フランスのマキとの連絡任務に選ばれた。

最初の任務は一九四三年五月に行われた。イギリスの諜報員と共にアミアンにパラシュート降下したＮＰＳ・４３・３６３９２は、その四日後に重要なメッセージを携え、無傷で帰巣した。翌年にも同じ任務をこなし、連合軍は現地情報を更新できた。一九四四年二月にはフランスのドイツ占領地に直接潜入する作戦に同行し、この時も重要な情報をロンドンに持ち帰っている。ＮＰＳ・４３・３６３９２はノルマンディー上陸作戦の上陸部隊にも帯同して、進行状況の詳報を作戦本部に持ち帰った。この作戦に成功したことで、彼には自由のために戦う闘士にあやかり「マキ」というニックネームが与えられたのであった。

〈一九四三年五月（アミアン）、一九四四年二月（統合作戦）、一九四四年六月（マキ組織）と三度にわたり、敵占領地から重要なメッセージを持ち帰った功績に対して。特務部隊に帯同して大陸からの情報伝達に貢献した〉

戦後、一九四五年十月に、上記のような理由で、マキはディッキン・メダルを授与された。そして軍での務めを終えたマキは、二二ポンドで売却された。新しい所有者であるダックスフォードのＰ・コープ氏は、マキを繁殖に使用した。そして、彼は「完璧な鳩」と評価されるほどの繁殖実績を残した。

ジュディー

一九四二～一九四五年
中国／セイロン／ジャワ／イギリス／エジプト／ビルマ
シンガポール／マラヤ／スマトラ／東アフリカ

Judy

一九四二年夏、捕虜の残酷な扱いで知られたメダンの捕虜収容所に入れられたイギリス軍とオーストラリア軍の戦争捕虜は、スマトラ島のジャングルでの鉄道建設作業に駆り出されていた。一日の配給はお椀一杯分の米だけである。フランク・ウィリアムズ空士は、酷暑の中で一日中労働しなければならず、空腹に苦しんでいた。彼にはポインター犬のジュディーが懐いており、フランクは乏しい食糧をジュディーと分け合いながら、強い絆を育んでいた。

一九三六年に上海に生まれたジュディーは、最初はドラゴンフライ級砲艦「グラスホッパー」で飼われていたマスコット犬であった。しかし一九四二年二月にスマトラ島沖で日本軍の攻撃に遭い、船が撃沈されてしまった。乗組員の一部とジュディーは、なんとか無人島に泳ぎ着いたが、島には真水がまったく見当たらず、船乗りたちは死を覚悟しなければならなかった。ところが、岩の割れ目にしきりに頭を突っ込んでいるジュディーの姿を不思議に思い、調べてみると、なんとそこには満潮時には分からなかった真水が湧き出していたのである。乗組員たちは中国船に拾われるまでどうにか生き延び、ジュディーも一緒にスマトラ島に連れていかれた。一行はそこから、まだ日本軍の手が及んでいないのを期待して、パダンの町まで移動しようとした。しかし三月十日に町まであとわずかというところで日本軍に囲まれてしまい、全員が捕虜となってメダンの収容所に送られた。この時、イギリス兵はジュディーを隠して連れていくのに成功した。

橋の建設や鉄道の敷設作業ばかりか、メダンの町に残された古いフォードの工場の解体まで命じられた捕虜の生活は苦難を極めた。多数が過労死し、奴隷同然の労働の対価としての賃金は一〇銭で、食糧は毎日変わり映えせず、量もわずかであった。一日二食の食事の内容は、水っぽい米や「パップ」と呼ばれた薄味の野菜スープ、あるいは西洋人には説明しにくい謎の食べ物ばかりであったが、そんなものでも命綱には違いない。もし病気や疲労で動けなくなれば、食事も配給されないので、状況はさらに悪化する。健康を回復させるために必要な食糧が得られなければ、飢えてさらに衰弱するだけだ。

このような環境で、ジュディーを熱心に世話するようになったのが、収容所にいたフランク・ウィリアムズ空士であった。彼は配給された「パップ」を大事そうにすすり、一握りの米を隣に座るジュディーにも分けようとした。しかしジュディーは食べるのを拒否していた。フランクはもう一度ジュディーに食べるよう促し、頭をなでてやると、ようやくフランクの食事に口を付ける。彼らはそんな日々を過ごすうちに互いの絆を深めていった。ジュディーはフランクに信頼を寄せ、フランクは看守にジュディーを見逃すように懇願し続けた。ジュディーはフランクの気持ちを理解したのか、収容所の周辺を巡回して毒蛇やサソリの侵入を防ぎ、果物や大きなトカゲをとってきて、皆を喜ばせたという。

　ジュディーの前向きな振る舞いは、フランクのみならず、他の捕虜にも勇気を与えていた。ジュディーは収容所を見回りながら、自分の食糧集めにも余念がなかった。ある時にはジャングルの中で死んでいた象の大きなすねの骨を見つけ、収容所まで引きずって帰ってきた。ジュディーは戦利品を隠す場所を選ぶと、大きな穴を掘り始めた。たっぷり二時間かけた作業の一部始終を、兵士たちは楽しそうに眺めていた。ジュディーに危険が迫った時には、フランクは「スクランブル！」と叫ぶ。この警告を聞くやいなや、ジュディーはジャングルに身を隠して難を避けるのであった。現地住民は野犬を食用としたし、危険なスマトラトラも徘徊している。ワニを見つけて追跡したジュディーが反撃されて、左目に大怪我を負ったこともあった。

ジュディーは蛇をはじめ、様々な動物を捕らえては、収容所に持ち帰り、捕虜の兵士と分け合おうとした。確かに一部は貴重なカロリー源となったが、人間の頭蓋骨をくわえて持ち帰った時は、一騒動が起こった。それは捕虜や兵士の死体ではなく、現地住民を連想させる形であったようだ。ジュディーがフランクの元に何かを運んできた様子を見とがめた日本人看守は、犬を殴りつけようとして近づいたが、ジュディーがくわえている頭蓋骨を見ると、薄気味悪がって離れていった。またジュディーは捕虜収容所にいる間に合計九匹の仔犬を出産した。このニュースは果物を売りに収容所を出入りしていた地元住民を通じて、近隣にあるオランダ人女性用の収容所にも伝わったらしい。退屈を慰めるため、女性たちは仔犬を分けて欲しいというメッセージを行商人に託し、これを聞いたフランクも喜んで応じようとした。しかし収容所の出入りは厳しく監視されていたので、仔犬を届けるには工夫が必要であった。そこでまず果物売りの行商人を買収した。次に収容所の医務室からクロロホルムを拝借すると、一匹の仔犬をしっかりと眠らせ、布でくるんで大きなバスケットの底に隠して、バナナで覆ったのである。行商人はその「荷物」を持ってオランダ人女性収容所を訪問すると、看守の目をごまかして、依頼主に仔犬を渡すのに成功した。こうして女性収容所も大切なマスコットを得たのであった。他の仔犬の成長も、捕虜の士気を高めるのに役立った。ロコックという仔犬は、メダンに設けられていた赤十字社の職員に譲渡され、パンチは収容所で生き延びて成犬になった。だが、かわいそうなことに、黒い毛並みが綺麗だったブラッキーは、酒に酔った看守の気まぐれで殺されてしまったらしい。

生き延びるだけでも大変な収容所生活で、大きな試練が捕虜たちを待っていた。フランクたちは鉄道敷設作業のためにメダンから移送されることが決まり、ジュディーと別れなければならなくなったのだ。メダンのグロエゴール収容所所長である日本軍の大佐は、個人的にジュディーのことが気に入っていた。また、彼の現地妻と思しき女性もジュディーを可愛がっていた。そこでフランクは、収容所所長が自室で一人でいるタイミングを見つけ、危険を冒して直談判した。もし捕虜が日本軍将校の部屋に単独で入ったなどと分かれば、射殺されてもおかしくない。フランクは、飲酒して気持ちが大きくなっていた所長に、キッシュと名付けられた仔犬を譲った。テーブルの上に置かれたキッシュはたどたどしく歩くと、所長の手を舐めて愛嬌を示した。これに気分を良くした所長は、フランクが要求した、ジュディーを捕虜として書類に登録して欲しいという要求の意味を理解した。

だが所長は囚人名簿に追加の番号が加えられれば、管理部署の追及を受ける懸念があると言う。したがってジュディーを捕虜の員数には加えられないと拒否した。この答えを予期していたフランクは、自分に与えられている捕虜番号〈81メダン〉に〈A〉の文字を加えたものをジュディーの番号にするなら、名簿への記載は不要なはずとの代案で応じた。大佐はキッシュを抱きながらしばし考えていた様子であったが、引き出しから書類を取り出すと、フランクの求めに応じて命令内容を書き込み、従兵を呼び出して処理を命じた。目の前で大事なやりとりがなされているのを知ってか知らずか、キッシュは大佐の手におしっこをしてしまった。フランクは大佐の気が変わらないうちに証文をひったくるようにして収容房に戻ったのであった。そして翌朝、ジュディーは正式に〈81Aメダン〉の捕虜番号とタグを与えられた。ジュディーはディッキン・メダルを授与された動物の中で、捕虜として登録された唯一の存在であった。

だが、間もなくフランクの努力が台無しになりかねない状況となった。収容所所長の交代があり、新しい所長は規則に極めてうるさい人物であった。危惧したとおり、新所長の着任から事態が悪化し始めた。新所長はまず捕虜の確認のため、全員に構内での整列を命じた。この場合の「全員」には、病人、重傷者も含まれる。捕虜たちは長い列を作り、新所長は捕虜一人一人をじっくり観察しながら歩いていた。そしてジュディーの存在に気が付くと、信じられないといった表情で何事か言おうとしたが、フランクはすかさずポケットからジュディーに関する前所長の署名入り申し送り書を手渡した。その書類をめぐって、新所長と看守は難しい顔をして何事かを議論していた。たとえ書類に効力があっても、結局は新所長の判断一つである。フランクは不安でたまらなかったが、議論を終えた新所長はフランクに書類を突き返して立ち去り、ジュディーの身分は当面認められることとなった。

フランクたちが新しい収容場に移送される日がやってきた。この中にジュディーは加えられていないが、フランクと仲間たちは諦めずに、なんとかジュディーを連れ出そうと試みた。捕虜はシンガポールに船で移送される計画であり、フランクはジュディーに米袋の中に入れられてもおとなしくしていられるように、密かに訓練をしていた。そして日本兵を欺《あざむ》くために、警戒が厳しい時をあえて狙って、ジュディーの密輸に挑んだのだ。ジュディーもフランクの意図を十分に理解していて、フランクが指を鳴らして合図すると、彼女はすぐに米袋の中に隠れるようになっていた。フランクはあらかじめ藪の中に杭を打ち、そこにジュディーを繋いでいた。結び目はジュディーが本気を出せば、簡単に外れる程度に緩めてある。最後の点呼をかけた所長は、フランクが背負った大きな荷物の中身が毛布であることを確認すると、部下に出発を命じた。こうしてメダンの捕虜たちは船着き場に向かったのである。

フランクは収容所から十分に離れたのを確認すると、ジュディーに合図を出した。彼女は茂みから飛び出し、港に向かって歩いている捕虜の隊列に紛れ込むのに成功した。何百人もの捕虜が、日本軍に鹵獲《ろかく》された貨物船「ヴァン・ウェルウェイク号（春菊丸）」への乗船を待っていた。ジュディーはフランクの足元にぴったりと寄り添っていたが、タイミングを見計らいフランクが米袋を開くと、ジュディーはその中に飛び込んだ。そして打ち合わせの通り、協力してくれる仲間と一緒に、あたかも割り当てられた米の積荷のように装ってジュディーの入った米袋を担ぎ、乗船の列に並んだのである。大型犬のジュディーを担ぐのは、衰弱した男たちには大仕事であり、身じろぎもできないジュディーにも苦痛の時間であった。それでもようやく乗船の順番が来て、フランクはやり遂げた安堵を覚えていた。しかし突然、収容所の所長一行が、再度の点検に現れた。そしてフランクを呼び止めると、にやりと笑って話しかけてきた。

フランクにはいくつかの言葉しか分からなかったが、つまり所長は「犬は来なかったのか？」と質問したのであった。フランクは「密輸」がバレたかと恐怖したが、所長は男たちが運んでいる米袋に興味を持たなかった。そしてフランクが犬は来なかった意のジェスチャーをすると、所長の一行は満足して去っていった。フランクは再び袋を担いだが、この時もジュディーはじっとしていた。歩哨たちの間を抜けて乗船したフランクは、下甲板の隅に居場所を確保して、袋を解いた。ようやく解放されたジュディーは、身体がこわばり、腹を空かせていたが、元気であった。しかしこれで彼女の苦難と危険が終わったわけではなかった。

翌日の一九四四年六月二十六日、ヴァン・ウェルウェイク号はイギリス潜水艦「トゥルーキュラント」の雷撃を受けてしまう。被害は致命的で、船内の各所で火災が発生した。フランクは暗闇になった下甲板で逃げ場を失ってしまい、必死にジュディーを傍らに抱き止めた。ジュディーは濡れた鼻を主人に押しつけてくる。船の傾斜が増したが、フランクはどうにか舷窓を見つけ出し、そこからジュディーを外に出そうとした。嫌がるジュディーだが、命には代えられない。フランクは無理矢理彼女を押し出して海に落としたが、その時の様子を次のように回想している。

〈舷窓から海面に落ちる寸前に彼女が見せた、「いったい何のためにこんなことを？」と問いたげな表情が忘れられないよ〉

浮かんできたジュディーが沈没する船から泳いで距離をとっているのを確認したフランクは、今度は自分の出口を見つけるために船内の火災と暗闇に向き合わねばならなかった。近くにいた友人のオークリー伍長やローリー・ホームズ、ボブ・ソームズと協力して、半分水に浸かった上甲板へのハッチを見つけると、どうにかこじ開けるのに成功した。そして明るい光が差し込むハッチを這い出ると、海に飛び込んだのである。

浮かび上がったフランクは、ジュディーを懸命に探したが、辺りに姿は見当たらなかった。ジュディーが溺れてしまったか、そうでなければ自分を探しに船に戻り、そのまま沈んでしまったのではないかと考えると、気が変になりそうだった。フランクをはじめ生存者は、浮遊物に掴まって浮いていたが、数時間後、日本のタンカーに救助された。重油まみれの姿で衰弱しきったフランクは、ジュディーを失った悲しみに打ちのめされていた。しかし間もなくジュディーの消息が伝わってきた。同じ捕虜のレス・サールによれば、ジュディーが溺れかけていた捕虜の仲間を助けながら岸辺に向かって泳いでいるところを見たというのだ。これ以外にもジュディーが救助活動をしていた姿が、多数目撃されていた。そして疲れ果てて動けなくなったジュディーを、日本軍の看守や船員の遺体置き場から少し離れた場所まで捕虜仲間が運んで、毛布を掛けて休ませていたのである。やがてメダンから捕虜収容所の日本兵がトラックでやってきて、生存者の収容を開始した。レス・サールがジュディーをトラックに乗せようとすると、背後から怒声が響いた。収容所所長が二人の部下を連れて近づき、ジュディーに小銃を向けた。万事休すと思われたその瞬間、発砲を禁止する別の命令が現場に響いた。たまたま居合わせた前所長の大佐であった。現所長より階級が上の大佐は、今後、ジュディーに一切の危害を加えないよう厳命したので、ジュディーの安全が確保され、レス・サールはジュディーをメダンに連れ帰ることができたのである。

身体を休め、食事をとって元気を取り戻したジュディーは、すぐにフランクの姿を探して収容所中をせわしなく探り始めた。ジュディーは何度も収容所の内外を探したが、遂にフランクは見つからなかった。そこでジュディーは収容所の出入り口の近くに場所を移して、沈んだ輸送船から捕虜を運んでくるトラックを監視するようになった。二日間待ってもフランクの姿はなかったが、ジュディーは待ち続けていた。三日目に戻ってきたトラックには、ほとんど「歩く骸骨」同然の疲れ果てた捕虜が詰め込まれていた。トラックから降ろされた捕虜の一人は動きが遅く、看守に殴られて地面に倒れ込んだ。すると突然ジュディーが現れ、その男をかばうように飛びついて、激しく顔を舐め回した。倒れた捕虜はフランクだったのだ。こうして彼らは生きて再会することができた。

続く数カ月間、フランクとジュディーはあちこちの収容所に移動させられた。フランクはジュディーが正式な捕虜であることを示す大佐の証明書を肌身離さず持ち歩いていたので、ジュディーは誰からも危害を加えられずに済んでいた。だが再び新所長の大尉が管理する収容所に送られた時は、露骨な敵意を向けられないように、ジュディーをジャングルに放つようにしていた。フランクが警告を発すれば、ジュディーはすぐさまジャングルに飛び込んで身を隠し、フランクが次の合図をするまでずっと姿を消すようになったのである。そんな日々が続く中で、状況が変わってきた。捕虜収容所の中でも、ドイツの敗北のニュースは隠せない。フランクはもう少しの間、ジュディーを隠し通せれば、一緒に生き残れるだろうとの希望を抱いた。この頃、ジュディーは「ゴースト・ドッグ」となっていた。フランクが合図をした時だけ姿を現し、それ以外は常にジャングルに身を潜めていたのだ。

間もなく、スマトラ島の捕虜収容施設はイギリス軍によって解放された。解放軍は収容所の捕虜の健康状態に愕然としたが、いずれにしてもフランクとジュディーは生き延びることができた。彼らはシンガポールに移送されると、治療と食事を与えられて健康を取り戻し、リヴァプール行きの客船「アンテノール」で帰国することになった。ところが船は動物の同乗を禁止していたため、ジュディーと一緒にイギリスに帰れると信じていたフランクは落胆した。しかし日本軍の貨物船にさえ潜り込んだ彼らである。フランクは船着き場でチャンスをうかがった。四人の友人に大声で騒ぎながら乗船するように頼み、皆が彼らの騒ぎに気をとられている間に、フランクは波止場の貨物に隠れていたジュディーと一緒に、まんまとタラップを駆け上って乗船してしまったのである。船が出港してから、フランクは信用できる仲間にジュディーのことを打ち明けた。料理人の一人も同情を示し、ジュディーに食事を与える約束が得られた。

リヴァプールに到着したジュディーは、半年間の検疫を受けなければならなかった。さしものコンビも、この法律をごまかすわけにはいかない。ハックブリッジ検疫検査場に運ばれたジュディーは、明らかに当惑した様子を見せたが、フランクが定期的に検疫所に足を運んでジュディーと過ごしたので、ジュディーもしだいに落ち着きを取り戻した。その間、世間ではジュディーは人気者になっていた。彼女に関するレポートを受けたPDSAは、即座にディッキン・メダルの授与を決定した。「デイリー・ミラー」紙には「砲艦ジュディー号が命を救う――ディッキン・メダルと終身年金を獲得」という見出しが躍った。ジュディーの物語は多くの人の関心を集め、ロンドンの帰還戦争捕虜協会は、ジュディーを唯一の犬の会員として歓迎した。またテイルワッガーズ・クラブはフランクに小切手を送り、その資金によってジュディーには贅沢な老後が約束されたのである。

半年間の隔離生活を終えたジュディーは、大勢の報道陣とカメラのフラッシュ、そして観衆の大歓声を浴びることになった。ジュディーはBBCのラジオ番組「In Town Tonight」への出演も果たしたが、リスナーへの紹介の際、マイクに向かって一声大きく吠えた。BBCでは初めての試みであったが、見事に成功したのである。フランクはジュディーの首輪にディッキン・メダルをぶら下げて、小児病院を訪問したり、募金活動に協力した。戦争の英雄犬を一目見ようと、各地で大勢の人が集まった。ディッキン・メダルの推薦文には、次のように書かれている。

〈日本軍の捕虜収容所で示した比類なき勇気と忍耐力を称えて。彼女は捕虜となった兵士の士気を高め、聡明かつ注意深い振る舞いにより多くの命を救った〉

またジュディーを献身的に助け、彼女が戦争を生き延びるための大きな力となったフランクに対しても、PDSAはセント・ジャイルズ白十字勲章を授けた。一九一七年にPDSAが設立された際に、動物を危険から救った人物に対して授与される賞として、セント・ジャイルズ・メダルが授与されるようになったが、フランクが受賞したのはその最高位の勲章であった。

復員したフランクは、ジュディーと一緒にポーツマスの故郷に帰った。地元のスタムショー・ホテルでは、求めに応じてジュディーの武勇伝に関するトークショーに出演したが、自分のことはほとんど語っていなかったという。

しかしフランクは地元に落ち着いていられなくなった。一九四八年に海外食糧公社に仕事を得ると、東アフリカに赴き、タンガニーカの広大な土地をピーナッツ畑に変える「グラウンドナッツ計画」に携わることになったのである。当然、ジュディーを連れてゆくつもりであったが、当局はジュディーを検疫所に入れるように要求してきた。フランクの相談を受けたPDSAは、この仕事がリーバ・ブラザース社の企画であることを突き止めると、創業一族のリーバフルーム卿に問題解決の助力を願った。その結果、フランクの問題を理解したリーバフルーム卿の手引きで、ジュディーの検疫は免除され、一緒にタンザニアに行くことができたのである。

東アフリカの生活はジュディーの肌に合ったようで、仔犬の出産までしている。彼女は気ままにサファリに足を延ばしては、そこで出会う様々な動物に興味を示し続けていた。ただしヒヒは例外で、ヒヒに取り囲まれると、どれを追い回すべきか途方に暮れてしまったという。

フランクはアブドゥルという少年を使用人として雇っていた。ある日、アブドゥルがフランクが入浴に使ったブリキのバスタブをしまい忘れた時のこと。夜中に外で大きな物音を聞いたフランクとジュディーが庭に出ると、なんとそこでは、大きなアフリカゾウがバスタブに残った水を飲んでいた。ジュディーは猛然と吠えかかり、フランクも大きく腕を振ってゾウを威嚇した。十分に喉を潤したゾウは悠然と去っていったが、ジュディーが収まらない。フランクはもう十分だと制止したが、ジュディーはバスタブを小屋まで引きずって隠し、すでに姿を消しているゾウを警戒して、小屋の前で見張りを始めたのである。

フランクは仕事でアフリカ各地を転々とし、ジュディーはどこへでも付いていった。ある時、タンザニアに向かう飛行機の中で、乗務員からジュディーを機体後部貨物室のケンネルに入れるよう要求された。いつもは激しく抵抗するジュディーが、この時はおとなしく従って、ケンネルに潜り込んだ。フランクは久しぶりにくつろいで空の旅を楽しんだが、着陸した時に、ジュディーが素直に従った理由が分かった。ケンネルの屋根には頭を出せるくらいの穴が空いていて、そこから他の動物や、乗客のハンティングの獲物を眺めることができたからだ。ジュディーにとっては特等席に等しかったのだろう。

一九五〇年二月、フランクの赴任地のナチングウェアが大雨による洪水に見舞われ、フランクは足止めされたので、当面そこで仕事をしようと決めた。初日は、ジュディーと一緒に村の近くの茂みでキャンプをすることにした。ジープを停めてから、フランクがジュディーを降ろした。彼女は、野営地の周囲に危険の兆候がないか捜索してからジープに戻ってくるのだ。フランクはテントの準備をしたり、ナチングウェアの集落の人々を訪問してから、野営地に戻ってきた。ところが意外なことに、ジュディーが戻っていなかった。フランクが口笛を吹いても姿を見せない。村の住民も一緒になって、ジュディーの捜索が始まった。しかし最後に姿を見てから三時間も経過している。フランクは嫌な予感が拭えなかった。そんな時、アブドゥラーという名の住民が、砂礫の中にジュディーと思われる足跡を発見し、全員がその跡を追った。アブドゥラーの追跡は的確だったが、途中からヒョウの足跡も散見された。チュマワラという村落に続くか細い道を二マイル（約三・二キロメートル）も進んでジュディーを追ったが、村に着いても彼女の姿はなかった。フランクは居ても立ってもいられず、周辺の村落に使者を送って、ジュディーを無事に発見した人に五〇〇シリングの謝礼を出すと約束したが、三日経っても何の連絡もなかった。動きがあったのは四日目の午後のこと。フランクの野営地に駆け込んできた住民が、ジュディーが無事にチュマワラで発見されたとの知らせをもたらしたのである。

フランクとアブドゥラーは、その住民を連れてジープに飛び乗り、チュマワラへ向かった。

そして村の長老に案内された小屋に入ると、そこでジュディーが倒れていた。フランクに気付いたジュディーは立ち上がろうともがいたが、少しすると倒れてしまい、尻尾を振るだけしかできなかった。フランクはジュディーを毛布で包み、ジープで野営地まで戻った。体中に付いた牛ダニを駆除して水浴びをさせ、切り傷を消毒して、看病をした。ジュディーは落ち着きを取り戻し、食事をして眠りに就いた。しかし二月十六日の夜からは、身体の痛みに苦しんで鳴き出すようになった。フランクは寝ずに看病をしたが、ジュディーは起き上がろうとする度に、苦痛の声を上げた。朝にはジュディーは立ち上がることさえできなくなり、フランクはジュディーを背負って、ナッシングウィアの病院へ向かった。イギリス人のジェンキンス医師はジュディーの症状を乳腺腫瘍と診断し、緊急手術で患部を切除するのに成功した。しかしジュディーの闘志も尽きようとしていた。ジュディーは破傷風にも感染していて、その激痛に苦しんでいたのだ。これまであらゆる戦いに勝利してきたジュディーも、今回の敵には観念するほかなかった。「彼女を楽にしてあげよう、フランク」、ジェンキンス医師にはそう促すことしかできなかった。フランクは小さく頷き、背を向けて泣いた。一九五〇年二月十七日午後五時、ジュディーは安楽死によって戦いの生涯を終えたのである。

ジュディーはかつて誇らしげに着用していたRAFジャケットを身につけた姿で納棺され

た。そしてフランクが住んでいた場所にほど近い、ナチングウェア近傍の丘に埋葬された。

フランクと住民は、白い大理石を砕いて混ぜ込んだコンクリートで、ジュディーの墓地を飾った。フランクは満足できる墓地の形にするまで、二カ月もの間、作業にかかりきりになった。

そして最後にフランクは次のように記した銘板をはめこんだ。

追悼
ジュディー　DM　犬　VC
犬種：イングリッシュ・ポインター
一九三六年二月上海生まれ、一九五〇年二月没
一九四二年二月十四日、リンガ諸島で負傷
HMSグラスホッパーへの空襲と沈没による
一九四三年六月二十六日、マラッカ海峡
SSヴァン・ウェルウェイクの雷撃にて日本軍捕虜
一九四二年三月〜一九四五年八月、
中国　セイロン　ジャワ　イギリス　エジプト　ビルマ

シンガポール　マラヤ　スマトラ島　東アフリカ
これらの地で奉仕した。

この銘板をはめる時に、フランクは墓の前に立ち、「勇敢なオールド・レディー……素晴らしい犬のジュディー。僕が与えた愛情や親愛の情の何倍もの思いを、君は、ただ尻尾を振るだけで伝えてくれたんだよ」と静かに語りかけた。

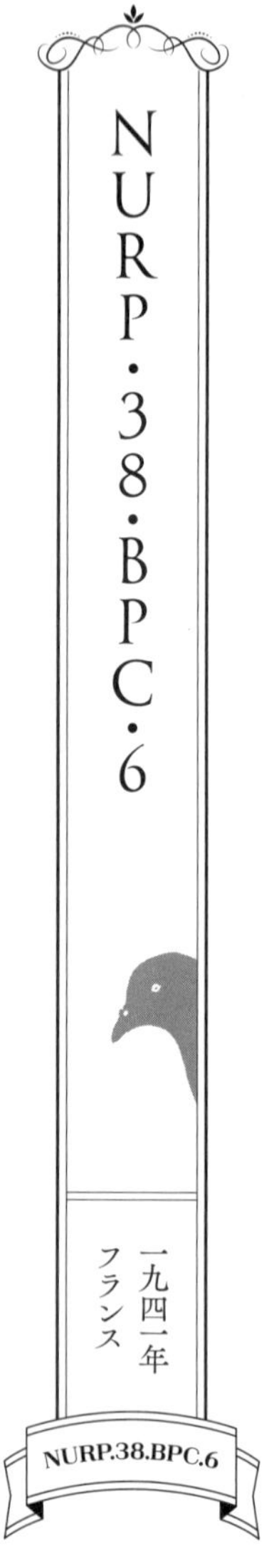

このチェッカー模様の雌の伝書鳩には名前が与えられていないが、サマセット州ブリッジウォーターのヴィクトリア通りに居を構えるスタン・ブライアント氏に育てられた鳩であった。スタンは伝書鳩の育成で知られた人物で、鳩の個性と能力を引き出す名人として、ナショ

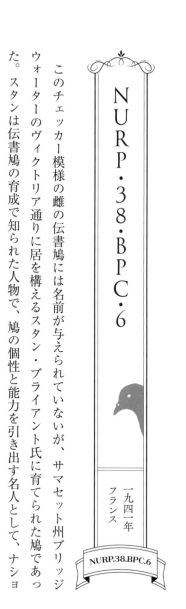

ナル・フライング・クラブに四〇年以上在籍していた。国内大会でのスタンが育てた伝書鳩の記録は、輝かしいものであった。

彼に育てられた多くの伝書鳩が戦地に送られたが、残念なことに二〇羽が失われた。しかし戦時動員された一万六五五四羽の鳩のうち、生還できたのは一八四二羽だけだったことを考えると、スタンが育てた鳩は生存率が非常に高かった。フランスのレジスタンス勢力からのメッセージを託された鳩は、彼が育てた中でももっとも有名な一羽となった。この任務の前にも、この鳩は作戦への貢献で特別賞を受賞していた。

例えば一九四一年七月十日には、北フランス内陸部のアンジェから、また一九四一年三月にはシャルトルからの、二度にわたる異例の長距離飛行に成功している。いずれの任務でも、フランス国内のレジスタンスの元に、ケージに入れられた状態でパラシュート投下されていた。ナチスの支配を不安定にして、彼らの戦争遂行能力に負担をかけるには、レジスタンスの協力が不可避であるため、伝書鳩の役割の大きさは計り知れなかった。彼女がレジスタンスからのメッセージを抱えてヴィクトリア通りの鳩舎に帰巣する度に、スタンは伝書鳩作戦の責任者であるW・グラットン氏にそのメッセージを渡した。

しかしモンターニュのレジスタンスからメッセージを託された飛行任務は、条件が悪すぎたようだ。悪天候で飛ぶのが難しく、帰路を探すのも困難であった。結局、放鳥された雌鳩に何が起こったのかは分からないが、悪天候の中に放たれた鳩の多くが直面するように、疲労困憊の末に墜死したのであろう。伝書鳩は帰巣本能が強すぎるために、途中で止まって羽を休めるという判断ができない場合がある。その結果、悪天候をついて飛び続け、疲労の果てに地面や洋上に落ちてしまうのである。

スタンが軍務に就いている間に、彼が育てたＮＵＲＰ・３８・ＢＰＣ・６はディッキン・メダルを授与された。そこで父親のＷ・Ｊ・ブライアント氏が代理としてメダルを受け取った。添え書きには次のように説明されている。

〈最優秀作戦記録に対してメダルを授与する。一九四一年七月十日のアンジェ、九月九日のシャルトル、そして帰還できなかった十一月二十九日のモンターニュでの任務について。所有者S・ブライアント氏〉

これは希少な死後授与の例である。こうした場合、飼い主はメダルを受賞して初めて、自分が育てた従軍動物が戦争に貢献した事実を知るのである。

第六章

秘密任務

6. Secret Animals

グスタフ

一九四四年
ノルマンディー

Gustav

ディッキン・メダルを受賞した伝書鳩は多いが、中でもグスタフは、帝国戦争博物館から、祖国にもっとも貢献した偉大な鳩として認められたユニークな存在だ。グスタフ（コード：NPS・42・31066）は、コーシャムのフレデリック・ジャクソン氏が育成した白地の雄鳩である。グスタフにはベティーという名のパートナーがいて、彼女も伝書鳩として活躍していた。

グスタフの記録は、ベルギーのレジスタンスへの協力から始まる。現地の反ナチス運動組織のレポートを、海を越えてイギリスに運び、担当者のハリー・ハルゼー軍曹の元にもたらしたのだ。この任務を繰り返す中で、グスタフは優れた帰巣本能に裏付けられた安定した飛行能力で評価されるようになった。この実績から、グスタフは最重要任務に抜擢されたのである。一九四四年六月の西側連合軍によるヨーロッパ反攻に先立ち、グスタフは連合軍の軍艦に同乗していたロイター通信の特派員用貸出伝書鳩の六羽のうちの一羽に選ばれたのである。グスタフを預かった同特派員のモンタギュー・テイラーは、ノルマンディー作戦当日、つまりDデイの進捗状況や戦況をイギリス本国に伝える任務に就いていた。籐のカゴに収められたグスタフは、Dデイ初日となる一九四四年六月六日、報道用のメッセージを携えて、ノルマンディー海岸から放たれた。

〈我々は上陸海岸の沖合二〇マイル（約三二キロメートル）にいる。上陸部隊第一波が上陸したのは午前七時五〇分。通信によれば、上陸海岸に敵の砲火はなかったとのこと。（中略）船団は堅牢な隊列を組んで航行中。午前五時四五分から雷や台風、そして敵要塞地帯の影響下に航行中も、敵機影はなし〉

長時間、カゴにしまわれていたグスタフだが、時速三〇マイル（約四八キロメートル）の向かい風が吹きつける不良なコンディションの中で、一五〇マイル（約二四〇キロメートル）の帰巣飛行に挑んだ。航法に重要な太陽も、分厚い雲に阻まれて確認できない。ドイツ軍が猛禽類を使って伝書鳩の飛行を妨害しているパ・ド・カレー地区周辺を避けたグスタフは、ノルマンディー海岸からポーツマス付近のソーニー島に五時間一六分で到達した。これはDデイ上陸作戦の成功と詳報を伝える報道のための最初のレポートであった。翌六月七日の「ノーザン・エコー」

紙は、上陸反攻の第一報を伝えた伝書鳩グスタフの活躍にも触れている。この功績から、グスタフはディッキン・メダルを受賞した。それに添えられた文は次の通り。

〈一九四四年六月六日、イギリス空軍に所属するこの伝書鳩は、ノルマンディー上陸海岸沖合の船上から、本国に最初のメッセージをもたらした〉

ベルギーでは狙撃や猛禽類の危険をかわし、ノルマンディー上陸作戦における重要な飛行をこなした経験豊富なグスタフが、幸せな隠退生活を楽しめなかったのはとても残念だ。戦後間もなく、巣箱を掃除していたブリーダーの不注意により、グスタフは圧死してしまったのである。

スコッチ・ラス

一九四四年
オランダ

Scotch Lass

スコットランド、マッセルバラの住人、コリンズ氏によって育成された雌鳩のスコッチ・ラス（コード：NPS・4221610）は、フェリクストゥ空軍基地の国立伝書鳩局にて、海軍の各種小艦艇に同行するのに必須の長距離飛行訓練を受けた。スコッチ・ラスのような任務を帯びた伝書鳩は、ブレッチリーパークに置かれたエニグマ暗号解読装置のように、無線や暗号通信の解読が可能になった戦争中盤以降、重要性を増した。鳩そのものは何の情報も知らないので、相対的に安全性が高いのだ。

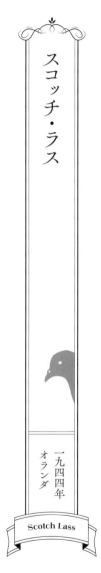

スコッチ・ラスは北海沿岸とオランダ沖合で作戦中の海軍艦艇から合計四十三回の飛行を成功させて、帰巣本能の確かさと安定性を賞賛されていた。以上の実績から、一九四四年に彼女は重要な任務に抜擢された。敵占領地に潜入する諜報員が得た重要な情報をイギリスに持ち帰るというものだ。

一九四四年九月十八日、スコッチ・ラスは諜報員と共にオランダにパラシュート降下して潜入した。諜報員は戦略上重要な地点の写真を撮影し、そのフィルムを伝書鳩がイギリスに持ち帰るという任務である。諜報員は任務を終えると、レポートを添えたフィルムを伝書鳩に託し、未明を狙って放鳥した。ところが直後、スコッチ・ラスは建物の陰になって見落としていた電線に衝突して墜落してしまう。怪我を心配して諜報員が駆けつけたが、スコッチ・ラスはそれより先に飛び立ってしまった。諜報員は、彼女が飛び去った方向をしばらく見ていたが、夜明けになっても周辺に姿が見当たらないことで、帰巣ルートに乗ったと判断した。

スコッチ・ラスは怪我を負っていたが、二六〇マイル（約四一八キロメートル）の飛行を終えて、その日のうちにフェリクストゥーの巣箱に到着したのである。これは特筆すべき飛行能力であり、空軍の任務のために北海を横断したこの伝書鳩に、一九四五年七月三十一日、ディッキン・メダルの授与が決まった。

〈一九四四年九月、オランダにて空軍の秘密任務に従事し、負傷しながらも北海を飛び越えて三八枚のマイクロ写真を持ち帰った〉

コマンドー

一九四二年
占領下のヨーロッパ

Commando

戦時下のイギリスを指導したウィンストン・チャーチル首相は、ドイツ軍に負担を強いるべく、敵占領下のヨーロッパで破壊工作に従事できる優秀な人材の育成を命じた。この任務のために特殊作戦執行部（ＳＯＥ）が組織された。彼らは多くの組織が「実施不可能」と判断したミッションを数多くこなしたことで知られている。ＳＯＥの任務には伝書鳩が不可欠であり、特に優れた伝書鳩を選んで任務に同行させていた。コマンドーという名の伝書鳩も、ＳＯＥの任務に選ばれた一羽であった。

ＮＵＲＰ・３８・ＥＧＵ・２４２というコードの伝書鳩は、サセックス州ヘイワーズヒースの住民であるムーン氏が育成した。ムーン氏は第一次世界大戦にて、空軍省伝書鳩局に出向していた経歴があった。ナチス占領下のヨーロッパから放たれた伝書鳩の帰巣任務に成功するのは、当時、八羽に一羽と言われていた。そのような厳しい任務であったが、この鳩は同様の任務を三度も成功させたため、尊敬の念を込め、少数精鋭部隊になぞらえてコマンドーと呼ばれるようになったのだ。
一九四二年六月に続き、八月、九月と、コマンドーは敵地潜入任務に帯同しては、ドイツ軍の位置やイギリス兵の捕虜収容所、工業地帯における兵器工場の位置など、重要な情報のレポートを金属製の通信筒に入れて飛び立った。低くて重い雲や強風の悪条件の中でさえも、コマンドーは毎回無事に帰巣したのである。一貫したコマンドーの安定性はＳＯＥの認めるところとなり、極めて重要な情報をやりとりする任務、あるいは急を要する任務にのみ、コマンドーを使用するとの内規が設けられた。占領地では、無線機の所持者は即座に射殺されていたので、コマンドーの重要性は極めて高かった。

〈一九四二年、国立伝書鳩局に在籍していたこの伝書鳩は、三度にわたり占領下のフランスに潜入した諜報員のメッセージを、無事に本国にもたらした〉

ロブ（パラ・ドッグ）

一九四二〜一九四五年
北アフリカ／イタリア

Rob (The 'paradog')

ロブと名付けられたコリー犬は、「パラ・ドッグ」の異名でも知られる、かなり有名なディッキン・メダル受賞犬である。シュロップシャー州エレスミアの農夫ベイン氏が、生後六週間のところを五シリングで購入した犬で、黒がベースで尻尾も黒くて長く、対照的に尾の先端と顔が白い姿が印象的なロブは、軍用動物のまさに英雄であった。

ロブは農場での働きを期待されていて、主人が牛や豚を集めるのを手伝い、鶏を不用意に追い過ぎず安全に移動させる術を学んだ。ロブは勤勉であり、主人も十分な食事と、家の中の快適な椅子を寝床に与えてその働きに報いていた。一九四一年にはベイン氏の家にバジルという名の息子が誕生したが、ロブは嫉妬するどころか、自ら積極的にバジルの世話をして、ベビーベッドを守るようになった。ロブはバジルが自分で歩けるようになるまで、毛皮にしがみつかせて、ゆっくり農場を歩き回るのを助けることもあった。

戦争が始まると、農場といえども食糧が不足し出すようになったため、ベイン氏は家族を守るためにロブを軍に供出することに決めた。大切なパートナーではあっても、戦時下の食糧難の状況である。より十分な食糧を与えてくれる軍に預けた方がロブにとっても良いと考えたのだ。一九四二年初頭、戦争省は多数の従軍動物を必要としていたが、実は供出された動物のほとんどは飼い主に戻されていた。しかしロブはすぐに採用され、ノーサウの軍用犬訓練所に入所できた。ロブは持ち前の高い知性と冷静な性格で優秀な成績を残し、記録的な速さで軍用警備犬としてのスキルを習得し、同時に連絡訓練でも才能を発揮した。その後、ロブはハンドラーと共に北アフリカ戦線に送られた。

この時期、モントゴメリー大将が指揮するイギリス第8軍がビゼルタの戦いで連合軍を勝利に導いた後、デヴィッド・スターリング大佐によって編成されたSASの第2ユニットは、武器弾薬、食糧、飲料などの相当量の供給を受けて、スースに駐屯していた。この時、兵站を担当する主計士官のトム・バート大尉は、イタリア人捕虜や町を往来するアラブ人によって貴重な物資が盗み出されていることに悩んでいた。そこで警備犬によって解決しようと思い立ち、本部に要請していたのである。SASは隊員がそうであるように、すべてにおいて最高のものしか必要としない。二頭送られてきた犬も選別を受け、一頭は間もなく送り返されたが、感情に左右されず任務に忠実な高い知性を証明しただけでなく、まったく物怖じしない性格を認められて、ロブは部隊に残された。すると驚くべきことに、数日のうちに物資の盗難が止まったのである。

こうして数週間もすると、ロブはＳＡＳ隊員の人気者となった。バート大尉の従兵であったサム・レッドヘッドなどは、ロブと離れたくない一心で、空挺兵に志願したほどである。ある日、ＳＡＳ隊員たちがロブを飛行機に乗せてみたところ、楽しそうにしていた様子が認められた。そこで状況を一歩進め、アメリカ軍から余剰パラシュートを借り受けると、軍用犬の空挺降下訓練を試みることになった。もし軍用犬を安全にパラシュート降下できるように訓練できれば、空挺部隊の降下直後に、暗闇の中で互いを探しながら部隊を呼集する時間を大幅に短縮できるし、敵の出現に備えた警報としての運用も期待できる。

早速、ロブを使った実験が始まった。パラシュートはロブの体重（九三ポンド：約四二キログラム）に合わせて調整された上で、まず八〇〇フィート（約二四〇メートル）で挑戦することとなった。ロブの反応が予見できないため、飛行機内ではハンドラーが犬と一緒に座り、ハンドラーが飛び降りたのに続いて、犬を降下させる手順が決まった。アメリカ軍が供出した軍用犬は、興奮して命令を聞かなくなったり、飛び降りるのに尻込みしていた。これでは敵占領地に降下させることなどできないだろう。ところがボブは飛行機が高度を上げても、空挺兵の足元にくつろいだ様子で座り、自分の番が来ても、特別に興奮したりする姿を見せなかったのである。空気の奔流に体毛が逆立つ中で、タイミング良くパラシュートのコードが引かれると、強い衝撃と共に降下速度が落ちるが、ロブに怖がっている様子はない。徐々に地面が近づき着地。空挺隊員がロブの元に駆け寄ると、彼は舌を出しながら静かに座り、ハーネスを外してもらうのをじっと待っていた。こうしてロブは最初の試験に合格したのであった。

イギリスの犬が空挺降下に成功したのを知ったアメリカ軍は、ロブを自軍の犬舎に移送するよう要請した。しかしSAS第2ユニットはこれを謝絶して、ロブの訓練プログラムを次の段階に進めた。ロブは十七回もの降下訓練をこなし、無事に着陸したら二つの任務をこなすように訓練された。一つはハンドラーがハーネスを解除するまでじっと伏せていること。もう一つは、シュロップシャーの農場で牛や豚を相手にしていたように、周囲に散らばる空挺隊員を集めることで、ロブは後者の任務が大好きだった。

ロブはSAS第2ユニットの危険な任務に、何度も同行した。ある作戦では、前線背後の敵占領地に夜間空挺降下している。ロブはハンドラーの到着まで身じろぎせず、解放されると闇の中で空挺隊員を集め始めた。もし部隊に危険が迫っても、ロブが知らせてくれるという安心感で、隊員にはリラックスできる時間すら与えられた。夜には、ロブは敵の動きに注意を払い、何か異変があれば、即座に知らせてくる。数カ月の従軍を終えて、彼はイギリス本国に帰還した。ロブの参加した作戦の詳細は秘密であったが、いくつかのエピソードは伝わっている。

ロブは戦争省の「極秘リスト」に記載される存在となった。二人のハンドラーの名前と一緒に「スカイ・ドッグ」の有資格犬として登録されたのである。ドイツとの戦争は、東からロシアが反撃し、アメリカとイギリスは西と南からドイツを攻撃するという基本計画で進められていた。その一環としてイタリア侵攻が決定した。ロブは前線に復帰し、引き続きSAS第2ユニットで、敵占領地への空挺降下に挑んだが、一九四三年七月の作戦は大失敗であった。イタリア情勢は不安定で、連合軍の前進にともない、ドイツ軍とイタリア軍は北イタリアで戦線を再構築した。山岳ゲリラも活発で、連合軍が展開するサボタージュ促進運動を阻害した。

ロブが参加した最初の降下作戦は、にわかに信じられない内容だ。SAS第2ユニットの四つのチームは、南イタリアのタラント港への上陸に備えて、巡洋艦に乗り込んでいた。マクレガー中尉に指揮された隊員とロブは、ドイツ占領下のイタリアに潜入して、敵軍の動きと防衛戦力の詳細を探る任務を与えられていた。この任務で、部隊の大半は電線や電話線の切断、橋梁爆破に忙殺されている間、ロブは連合軍捕虜の脱走支援に投入された。ロブの活躍はこれに留まらない。夜間は番犬のように振る舞い、危険が近づけば、静かに右へ左へと半円の動きで隊員に知らせるのだ。夜間には寝ている隊員の顔を舐めて起こしてしまうこともあった。部隊が敵地を移動する際には、ロブは部隊間の連絡犬として行動したが、この際にハンドラーは、首輪に収納したメッセージを外す以外のロブへの接触を隊員たちに禁じねばならなかった。敗勢の枢軸軍では、捕虜収容所の人員が不足がちになり、警戒が緩んだのに気付いた連合軍の捕虜が収容所を抜け出して、同情的なイタリア人家族に匿《かくま》われたりするケースがあった。だがナチス親衛隊だけは例外で、このような脱走捕虜を捕縛、処刑するためにパトロールを強めていた。マクレガー中尉はゲリラ的な攻撃で、この親衛隊の追跡を攪乱して、捕虜が逃げ出す時間を稼ぎ出そうとした。しかし遂に敵に捕捉されて銃撃戦となってしまい、部隊で生き残ったのはマクレガー中尉とロブだけとなった。こうして四カ月間の作戦が終わった。

一九四三年のクリスマスが終わる時期、ドイツはイタリア北部を強固に掌握していた。連合軍は膠着した戦線を打開するために、アンツィオへの大規模な上陸作戦を計画した。ロブは侵攻作戦の準備として敵占領地で破壊工作を行う部隊に同行し、期待された任務をこなして隊員の士気を鼓舞した。

アンツィオでの任務を終えたロブは、北アフリカの部隊根拠地に戻され、今度はオランダ、アルンヘムでの任務に投入されることになった。ＳＡＳ第2ユニットは作戦準備のためにイギリス本国に戻り、ロブも部隊に同行した。しかし戦時中は防疫の問題もあって、船での犬の移動は許可されなかった。ロブは海軍の船に乗船できず、ＳＡＳから各方面への働きかけがあっても、例外は認められなかった。これを知ったノルウェー船籍の貨物船船長が、エディンバラ行きの船の船室をロブのために用意した。そしてエディンバラに着くと、ロブは検疫場で半年間隔離されることになった。ロブのハンドラーを務めていた二人は、ロブ不在のまま任地に向かったが、二人ともアルンヘムの戦いで戦死して、帰ってこなかった。

一九四五年一月、ロブの飼い主であるベイン氏の元に、戦争省から「機密」扱いの封書が送られてきた。ロブの不幸を知らせる手紙だと思い込んでいたが、中身はロブをディッキン・メダルに推薦するという通知であった。ロブは無事だったのだ。

戦後、ＳＡＳ第2ユニットは解隊され、マスコット犬としてパレードを先導するのがロブの最後の任務となり、ロブは英国動物虐待防止協会（ＲＳＰＣＡ）からシンボルの赤い首輪と武勲を称えるシルバーメダルを授与された。ベイン夫妻は、ロブが退役して故郷のシュロップシャーに帰ってくることを知らされた。また陸軍からの感謝として、ロブに一生分のドッグビスケットが贈呈されることになった。ロブを引き取ったベイン夫妻は、まだ戦時中の記憶が強く残るロブが日常生活に戻るのは難しいのではと心配していたが、それは杞憂であった。ロブはすぐに平和な時代を思い出したかのように暮らし始めた。豚を追い、庭から鶏を追い払い、息子のバジルの寝室で寝るようになった。小屋から逃げ出したヒヨコがイラクサや下生えに絡んで動けなくなっているのを見つけると、ロブは藪の中に鼻を押し込んで、そっと傷つけないようにくわえて助け、小屋に戻すこともあった。ただ、牛の追い方は変わったようだ。危険を感じ取る力が強くなったのか、牛の背後には決してまわらず、闇夜でＳＡＳ隊員を誘導したように、牛の前方に位置どりして先導し、牛が後から付いてくるのを期待するようになったのである。

ある寒い冬の夜、ベイン氏はロブが激しく吠え立てるので目を覚まし、服を着て階下に急いだ。ロブが玄関のドアに向かって吠えていたので、ドアを開けると、ロブは勢い良く外に飛び出していった。ベイン氏は慌ててロブを追い、戻るように呼びかけたが、ロブは従わなかった。ロブは小屋から逃げ出した一歳の仔牛を追っていたのだ。仔牛を小屋に入れて、一家はまた眠りに就いたが、間もなくして、またロブが激しく吠えて皆を起こした。今度は牛舎内で躓《つまず》いた牛の首に鎖が絡まり、窒息しかけていた。すぐにカナノコで鎖を切断したので、大事には至らなかったが、もしロブがいなかったら牛は死んでいたに違いない。

ロブは多くの人々を救い、周囲の人々の生活を豊かにして、充実した生涯を過ごした。二人のハンドラーが戦死するような危険な任務に参加しながら、戦争を生き延びたことも賞賛に値する。ディッキン・メダルには次のように添えられている。

〈軍用犬471／322 特殊空挺部隊。北アフリカ戦線にて歩兵部隊と共に作戦参加。その後イタリア方面で特殊空挺部隊と敵支配地域での偵察任務に従事した。彼の働きにより多くの敵を発見し、続く作戦の損害を軽微にできた。ロブは二十回以上のパラシュート降下も実施している〉

一九五二年一月、ベイン家にてロブは老衰に苦しんでいた。彼を有名にした戦争で、疲れ切っていたのかもしれない。ロブはやがて息を引き取り、ベイン農場に埋葬された。ロブの墓石には次のように刻まれている。

親愛なるロブの記憶と共に
軍用犬No・471／322　二度のVC
イギリス初のパラシュート犬として、SAS第2連隊に所属して北アフリカとイタリア
にて三年半従軍。一九五二年一月十八日、十二歳半で死去。一九三九〜一九五二年　忠
実な友人と遊び仲間としての記憶を留めるため、バジルとヘザー・ベインによって建立

ブロード・アロー

一九四三年
フランス

Broad Arrow

第5特殊作戦群（空挺）は、第二次世界大戦において有名な二つの部隊――戦略情報局（OSS）と第1特殊行動部隊（「悪魔の旅団」）にルーツを持つ。OSSは一九四一年に、敵占領下のヨーロッパやアジアにおける情報収集と秘密作戦を遂行する目的で創設された。OSS工作員の小チームは、敵占領地にパラシュート降下して潜入し、枢軸軍に抵抗しているパルチザンを

指揮、支援した。このようなゲリラ活動を可能にするために試行錯誤が重ねられ、特殊部隊を機能させるのに必要な人材や技術が蓄積されていった。

こうした特殊部隊は、優れた伝書鳩を意識して選抜していた。一九四一年に生まれたブロード・アローは、ドーセット州にあるアーネスト・デベンハム卿の農場で訓練を受けた伝書鳩で、一九四三年に第5特殊作戦群に配属、41BA2793のコードを与えられると、敵占領下のフランスに三回にわたって潜入した。ロンドンの巣箱に帰還しては、諜報員と一緒にフランスにパラシュート降下をするという日々が続いた。このことからも、この時期はフランスのレジスタンスとイギリス本国の情報交換がいかに重要であったかが分かる。伝書鳩が運ぶメッセージには、秘密任務の成否や必要な物資のリストなどが記されていた。無線機を使用すれば即時性が高まり、情報量は増やせるだろう。しかしドイツ軍は無線機を使用した り、隠し持っていた人物を即座に射殺する権限が与えられていたため、レジスタンス活動において無線機は危険すぎる装備であった。

ブロード・アローは一九四三年五月、六月、そして八月の三回の任務を成功させ、フランスからメッセージを携えて帰巣した。この功績により、一九四五年十一月二十九日に、三十一番目のディッキン・メダルを授与されたのである。

〈大陸での特殊部隊の活動に同行して、一九四三年五月、六月、八月の三回にわたり、占領地から重要なメッセージをもたらした〉

NURP・43・CC・1418

一九四四年
ノルマンディー

NURP.43.CC.1418

イギリス軍空挺部隊に割り当てられたコードＮＵＲＰ・４３・ＣＣ・１４１８の伝書鳩は、占領下のフランスでの任務に抜擢された。ノルマンディー上陸作戦において、空挺師団は上陸海岸の後方、奥深くにパラシュート降下する。そして重要拠点における作戦の成否について、伝書鳩を使ってイギリス本国の作戦司令部に伝達するのである。

一九四四年六月上旬、空挺部隊は小さなカゴに入れられた伝書鳩、ＮＵＲＰ・４３・ＣＣ・１４１８と共にノルマンディーに降下した。降下作戦初日の六月六日、午前八時三十七分に放鳥されたこの伝書鳩は、隊が作戦行動を開始して目標を攻略するまでの六日間もカゴの中にいたのであった。当日、ノルマンディー地方は気象状況が悪く、強風と豪雨の中で、飛行が困難であったはずだ。NURP・43・CC・1418がソーニー島の鳩舎に帰巣したのは、翌七日の午前六時四一分と遅かった。それでもこの実績は、ノルマンディー上陸作戦の第一波において唯一、二四時間以内にメッセージを届けた記録となった。困難な気象条件を勘案すれば、大変な苦難を飛び越えてきたことが理解できる。だが残念なことに、NURP・43・CC・1418は戦争のない時代を迎えられなかった。続くフランスからの任務において帰還できず、行方不明として処理されてしまったからだ。

ディッキン・メダルには次のように説明されている。

〈一九四四年六月七日、ノルマンディー上陸作戦に参加した第6空挺師団のメッセージを携え、最速で飛行した〉

ＮＰＳ・４２・ＮＳ・２７８０／ＮＰＳ・４２・ＮＳ・７５２４

一九四二～一九四三年・フランス

NPS.42.NS.2780
NPS.42.NS.7524

ニックネームを持たず、ＮＰＳ・４２・ＮＳ・２７８０というコードだけが知られている伝書鳩は、一九四五年十月にディッキン・メダルを授与された。一九四二年の七月と八月、そして翌年の四月の三回、占領下のヨーロッパでの潜入任務で重要なメッセージを持ち帰った功績によるものとされる。

ＮＰＳ・４２・ＮＳ・２７８０は、デベナムズ百貨店の創業者一族であるアーネスト・デベナム卿が所有するドーセット州の農場で飼育されていた。彼のミルボーンウッド農場は広大で、来客用のゲストハウスがいくつもあった。そんな農場とそれに付属する建物は、北フランスからイギリス海峡を渡って帰巣する伝書鳩にとって好立地であったため、戦争が始まると陸軍に徴用されて、伝書鳩の帰巣拠点に作り変えられたのだ。ただし、この施設は秘密裏に設けられたので、地元の人間を含めて、誰もこの邸宅と農場が軍用伝書鳩の拠点になっ

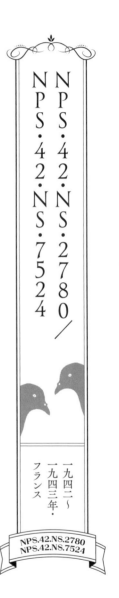

ていることに気付かなかった。そして鳩舎の職員も鳩が持ち帰ったメッセージには触れられなかった。鳩が無事に帰巣すると、情報はすぐに待機している専門配送員に託され、ロンドンに直行し、必要な部署に引き渡された。

陸軍伝書鳩局に着任した通信兵のウィリアム・ストリーターは、ミルボーンウッド農場に駐在していた。彼の仕事は諜報員に伝書鳩の扱い方を教え、担当する伝書鳩の健康をベストの状態に保つことであった。ウィリアムには伝書鳩が持ち帰ったメッセージを読むことは許されず、自分が世話する鳩の行き先も知らなかった。NPS・42・NS・2780の飛行記録は三回だけであったが、最初の任務は一九四二年七月二十三日にコンスタンツから放たれたもので、その日のうちに巣箱に帰ってきた。二度目の任務はベルギー、三度目はフランスからであった。

メアリー・マニンガム・ブラー女男爵が所有したNPS・42・NS・7524という伝書鳩も、三度の任務飛行を成功させた功績で、一九四五年十月にディッキン・メダルを授与された。初任務飛行は一九四二年七月二十三日で、これはNPS・42・NS・2780のそれと奇しくも同日である。ただしこちらは七月二十三日にブルターニュ地方から放鳥されたものの、帰巣したのは二十八日であった。二度目もフランスからで、一九四三年五月十日に放たれて、十七日に帰巣した。三度目の同じくフランスからの任務で、七月二十二日に諜報員が放鳥して、七月二十六日に戻ってきたのである。

第七章 空の戦い

7. War in the Sky

ケンリー・ラス

一九四〇年
フランス

Kenley Lass

ケンリー・ラスはコードNURP・36・JH・190を与えられたダークチェックの雌鳩で、ディッキン・メダルを授与された十三番目の伝書鳩である。一九三九年九月、イギリスの宣戦布告により第二次世界大戦が勃発したが、ヒトラーの関心がデンマーク、ノルウェー攻略に向けられている時期には、イギリス南部の海岸一帯は平穏であった。しかし情報収集に努めるイギリス政府は、ドイツの内情を探るべく、フランスに多数の諜報員を派遣していた。この時もっとも重要だったのはフランスの崩壊で、ドイツ軍によるイギリス本土侵攻を意味する「シーライオン作戦」の脅威が現実になり始めていたことだ。イギリスとしてはドイツ軍の情報を可能な限り迅速に得る必要があった。

一九四〇年十月、ドイツ占領下のフランスにおける諜報活動について、その情報をイギリスに運べるかどうかの検証のため選ばれた伝書鳩の中に、ケンリー・ラスの姿があった。「フィリップ」と呼ばれた秘密情報部（ＭＩ６）の諜報員は、パラシュートで占領地に潜入し、ドイツ軍との接触を避けながら、九マイル（約一五キロメートル）を徒歩で移動して様々な情報を収集する任務が与えられた。彼はその情報をケンリー・ラスに託してイギリスに帰巣させなければならない。この任務の技術的な困難と、それを克服するために必要とされる努力は、予期される危険と同等に大きなものである。そこで、木製の小さなケージに入れられた伝書鳩が夜間のパラシュート降下にいかなる反応を示すのか実験が重ねられた。また情報収集を行っている間、ケンリー・ラスはケージの中で「保管」状態のまま、伝書鳩の飼育経験がないフランス人協力者に預けなければならなかった。そのような前例のない任務であったが、任務開始から一一日目には必要な情報が集まり、ケンリー・ラスにメッセージが託された。一九四〇年十月二十日の朝八時二〇分、フィリップはケンリー・ラスを放鳥し、伝書鳩は三〇〇マイル（約四八〇キロメートル）を飛行して、その日の午後三時にシュロップシャーの鳩舎に帰巣したのであった。

この成功が、伝書鳩の新しい戦時任務の道を拓いた。この種の任務に堪えるよう多くの鳩に訓練が施され、戦争を通じて活躍した。一九四一年二月十六日、再び長期間留め置かれた後に帰巣飛行をこなさなければならない任務が発生した。適任の伝書鳩として、即座にケンリー・ラスが選ばれ、フィリップの時と同じように空からフランスに潜入した。今回の課報員の調査期間は四日間で、その間ケンリー・ラスは前回のようにレジスタンスの家に隠されて、ケージに入れられたまま過ごさねばならなかった。

ケンリー・ラスの成功事例をきっかけに、伝書鳩の運用は占領下ヨーロッパでの諜報員の報告手段のみならず、爆撃機や軍艦の非常通信用に広がっていった。秘密情報をもたらし、あるいは救難信号を携えて帰巣してくる伝書鳩の姿は、ケンリー・ラスの切り開いた道そのものであった。MI6での成功が弾みとなり、敵占領地に送り込んだ諜報員の救出を任務とする秘密情報部（MI9）や、ウィンストン・チャーチル首相の肝いりで設立された特殊作戦執行部（SOE）でも、伝書鳩が積極的に活用された。

ケンリー・ラスは戦争を生き延び、ドン・コール氏に三ポンドで払い下げられた。残念ながらコール氏はケンリー・ラスの記録を残さなかったので、引退や死亡の時期は分からない。一九四五年三月にディッキン・メダルを授与された際の添え書きは、次のように彼女を説明している。

〈一九四〇年十月、国立伝書鳩局の所属時、敵占領下のフランスにて、諜報員の秘密通信に伝書鳩として初めて使用され、任務を成功させた功績を称えて〉

メアリー・オブ・エクセター

一九四四年
オランダ

Mary of Exeter

メアリー（コード：Nurp・40・WLE・249）は、一九四〇年から国立伝書鳩局に在籍し、終戦まで生き延びた雌の伝書鳩である。彼女は優れた持久力と勇気、そして粘り強さを発揮した。それに留まらず、ドイツ空軍の空襲で破壊された鳩舎で負傷しても、驚くべき回復力で任務に復帰した。このような功績によりディッキン・メダルを授与されている。

メアリーを育成したチャールズ・ブリューワー氏は、戦時中、伝書鳩の訓練を事業にしていて、警察や軍にも供給していた。メアリーはドイツ占領下のフランスに潜入する諜報員の連絡手段として使用された。諜報員は伝書鳩を収めた小さなケージを背中にくくりつけて、パラシュート降下で作戦地域に潜入する。この最初の任務で、メアリーはメッセージと共にフランスから戻ってきたが、首から胸にかけて大きな裂傷を負っていた。当時、ドイツは伝書鳩での連絡を妨害するために、要所要所で鷹を放っていたので、おそらくこれに襲われたのだろう。しかしメアリーは治療を受けて回復し、すぐに現場復帰している。

ところが二カ月後の新しい任務でメアリーは行方不明となってしまい、三週間経過しても戻らなかった。スタッフは諦めていたが、とある深夜に、メアリーは瀕死の重傷を負って帰巣してきた。傷は散弾銃の銃創であった。北フランスに駐屯していたドイツ兵には、鳩を見かけたら撃つという任務があった。伝書鳩によるイギリスへの連絡を阻止し、食糧問題の一助にするという実利もあった。おそらくそのようなことから、メアリーは銃撃を受けたのだろう。メアリーは翼にひどい傷を受けており、体内には三発の弾丸が残っていたが、驚異的な回復を見せた。しかし任務に復帰する前に、今度は鳩舎が空襲で破壊されてしまう。

ドイツ空軍によるエクセター空襲の時、鳩舎の近くに五〇〇キロ爆弾が落ちたのだった。この衝撃で多くの家屋と共に鳩舎も破壊された。多数の伝書鳩が死んでしまったが、メアリーは奇跡的に無事であり、近くの倉庫に設けられた仮鳩舎に避難させられた。ところが二日後の夜、再び爆弾が倉庫の側に落ち、今度は仮鳩舎が損壊した。メアリーはケージの中で無傷であったが、うち続くショックで、神経症が残ってしまった。

しばらく静養期間を与えられたメアリーだが、現役に復帰すると、三度目となるフランス潜入任務に投入された。そしてフランスで放鳥されたメアリーは、任務開始から十日後に、今度はエクセター近郊の野原で、瀕死の姿で発見された。すぐにブリューワー氏の手元に戻され、市壁の一部を利用して作られた彼の鳩舎に運ばれた。メアリーは衰弱して痩せ細り、体中が傷だらけで、特に頭部には重傷を負っていた。治療を受けたメアリーだが、支えがなければ頭を持ち上げることもできない。そこでブリューワー氏はメアリーの首を支える革製の首輪を作り、一カ月間は手から直接エサを与えるようにして回復を待った。やがて回復の兆しが見えたので首輪を外すと、メアリーは自力で頭を持ち上げてエサをついばみ始めた。

度重なる負傷でボロボロになったメアリーは退役したが、一九四五年十一月に彼女の功績に報いるためディッキン・メダルが授与された。メアリーは、驚異の回復力だけでなく、重傷を負っても帰巣する意志の力の点でも突出していた。人間の世話や手間に対し、その何倍もの行動で報いてくれる、究極の従軍動物であったかもしれない。

一九九一年には、エクセター市長のマーガレット・ダンクスの発案により、同市のノーザンヘイの戦争記念館近くにメアリーの功績を称えるプレートの設置が決まった。またコルウィック通りには、エレイン・グッドウィンがデザインした、戦争中の伝書鳩の功績を記したモザイク画が設置された。後光に照らし出されたメアリーの姿と、その周囲にディッキン・メダルに関する文章が刻まれている。メアリーの遺体はイルフォード動物墓地の三五一番墓地に埋葬された。

ロイヤルブルー

一九四〇年
オランダ

Royal Blue

ロイヤルブルーは、国王ジョージ六世所有のサンドリンガムにある王立鳩舎で繁殖、訓練された雄の伝書鳩である。王室の繋がりと青い体色から、この名が付けられた。国王はサンドリンガムに多くの鳩舎を持っていたが、戦争が始まった一九三九年から、すべて国立伝書鳩局に移管されていた。さすが国王の伝書鳩は粒ぞろいであったが、ロイヤルブルーは、スピードで頭一つ抜きん出ており、ＮＵＲＰ・４０・ＧＶＩＳ・４５３というコードを与えられて軍に徴用された。

　一九三九年九月に、イギリスはドイツに宣戦布告したが、翌年春まで国境付近では小康状態が続いていた。この時期の戦争は「いかさま戦争」とも呼ばれる。しかし一九四〇年になると、イギリス海峡を挟んだ空の上での戦いが激しくなってくる。そしてフランスが降伏すると、イギリス本土上空でバトル・オブ・ブリテンが勃発し、イギリス空軍はフル稼働状態となった。一九四〇年十月にはさらに空戦が激化し、ロイヤルブルーはまだ一歳を迎えていなかったが、オランダの軍事拠点を狙う爆撃機に伝書鳩として同乗した。だが任務中にこの機体は敵の迎撃を受けて、不時着を強いられた。
　爆撃機のクルーは七時二〇分にロイヤルブルーをケージから放鳥した。国王の鳩は、飛行場までの一二〇マイル（約一九〇キロメートル）を四時間一〇分で飛びきったのである。ロイヤルブルーは、不時着した爆撃機の救難通信を持って帰巣した最初の鳩となった。すぐに救助部隊が派遣され、不時着機のクルーは全員生還できた。
　一九四五年四月、ＰＤＳＡはジョージ国王に書簡を提出し、ロイヤルブルーの代理人としてメダルの授与式への参加を求めた。

〈一九四〇年十月、空軍所属時に不時着を強いられた作戦機からの救難メッセージを伝達した、この戦争の最初の伝書鳩として〉

　ジョージ六世は代理授与を快諾したという。

トミー

Tommy

一九四五年
オランダ

トミー（コード：Nurp・41・DHZ・560）は、青地の雄鳩で、ディック・ドライファーという名のオランダ人の若者と深い関わりを持っている。トミーはダルトン・イン・ファーネスに居住するブロックバンク氏が所有していた雄の青鳩と、レンフルーシャーのジェイミソン氏が育てた青白色の雌鳩との間に生まれた、雄の伝書鳩であった。かなり優れた血統に裏付けられて、トミーはクルー、スタフォード、マンゴッツフィールドなど各地のレースでも優勝していた。

オランダを占領していたドイツは、一九四一年にオランダ国内のすべての伝書鳩を殺処分した上で、鳩が帯びている識別リングを当局に提出するように命令を出した。鳩の飼育業を営んでいたドライファー氏もこの命令に従うほかなく、飼っていた鳩を殺処分したが、すでに死んでいた二羽の死体を上手く使って、当局の監視員が来るまでに、トリガーとアムステルダンマーから足環を切り取り、死体と入れ替えることで、この二羽を隠した。こうして鳩の死体の数と足環の数を一致させて、監視員を欺いたのだ。後にドライファー氏は地元の地下抵抗運動に加わり、この二羽の鳩を大切な武器とした。サントポールトの組織本部とレジスタンス間の伝達に活用されたのだ。この運用はレジスタンス本部がドイツに発見されるまではよく機能していた。しかし本部が捜索を受けると、鳩こそ無事であったが、ドライファー氏は逮捕されて、強制収容所行きの列車に乗せられてしまう。ドライファー氏はどうにか列車から飛び降りて逃亡に成功したものの、故郷へ戻るのは危険すぎるため、別のオランダ人のレジスタンスの隠れ家で戦争をやり過ごすこととなった。この間にトミーとドライファー氏が関わりを持つようになる。

伝書鳩のトミーに視点を移そう。ある任務で、イギリスのクライストチャーチに帰巣するよう放たれたトミーは、強風のためにコースを維持できず、オランダを出られなかった。街角で動けなくなっていたところを少年に拾われたトミーだが、途方に暮れた少年は近くにいた郵便配達員にトミーを託した。この郵便配達員は偶然にもドライファー氏のことを知っていたため、トミーが連れてこられたのである。

水と麦のエサを与えられたトミーは、徐々に体力を取り戻したが、十分に飛べるほど回復するまでには時間が必要と思われた。だが、一九四二年八月十八日、レジスタンスは一刻も早くイギリス軍と連絡を取る必要に迫られていた。この時、トリガーとアムステルダンマーはいなかった。飼育小屋に侵入した飼い猫によって二羽とも殺されてしまうという、あまりに不注意で不幸な最期を遂げていたのだ。したがってトミーが唯一の希望であった。衰弱していたトミーが託されたのは、アムステルダム近郊にあるドイツ軍秘密軍需工場の位置情報暗号である。だが、放鳥されたトミーはほんのわずかな距離を飛んだだけで、風車に止まり休んでしまった。レジスタンスの構成員は、ドイツ兵に発見されるのを恐れ、祈るような気持ちでトミーを「追い払おう」としたが、それを察してか、トミーは北に向かって飛び立っていった。

翌日、トミーは四〇〇マイル（約六四〇キロメートル）も離れたカンブリア州のダルトンで発見された。ブロックバンク氏が偶然見つけたトミーは、肋骨を折り、出血する重傷を負っていた。しかし足環の通信筒に気付くと、警察に通報しつつ、手当てを施した。メッセージには、もしもトミーが帰巣できたらBBCのオランダ向けラジオ放送で、暗号メッセージを流すよう注意書きが添えてあった。トミーが放鳥されて二日後、ラジオ放送の中で暗号メッセージを確認したレジスタンスの戦士たちは、大喜びしたに違いない。

トミーとドライファー氏は、共に戦争を生き延びた。トミーは適切な手当てを受けてすっかり元気を取り戻した。またドライファー氏は連合軍がオランダを解放するまで無事に潜伏を続けられた。そして一九四六年二月にトミーはディッキン・メダルを授与されたのである。

〈一九四二年七月、国立伝書鳩局に所属したこの伝書鳩は、困難な状況の中で、オランダからランカシャーまで重要なメッセージを運んだ〉

トミーのディッキン・メダルは、軍用動物としての献身は無論のこと、侵略者に対してあらゆる手段での抵抗を諦めなかった枢軸軍占領地の人々の勇気と決断をも照らし出す、象徴的な意味を持つ。メダル授与式でトミーとドライファー氏は再会し、トミーはオランダ情報局長のヴァン・オールショット少将からメダルを渡された。そしてドライファー氏の貢献に報いるため、イギリス政府は血統書付きの二羽の鳩を贈呈した。トミーは快適な余生を過ごし、一九五二年に死亡するまでの間に、多くの優秀な伝書鳩の父親となったのである。

デューク・オブ・ノルマンディー

一九四四年・ノルマンディー

Duke of Normandy

一九四〇年の夏、ダンケルクに追い詰められた三四万の連合軍将兵は、何百という船に乗って海峡を渡り、イギリスに戻ってきた。この日、海は穏やかで、陽光を鏡のように反射してきらめいていた。その四年後、ノルマンディー上陸作戦のＤデイ予定日、同じ海は風速三〇キロメートルの強風と荒波に見舞われ、作戦実施は二四時間延期された。一九四四年六月は、二十世紀においてもっとも風雨が多かった時期の一つだったと記録されている。上陸作戦の一環として、第21軍集団の連合軍空挺部隊はフランスの上陸海岸奥地に降下したが、彼らはＮＵＲＰ・４１・ＳＢＣ・２１９というコードの伝書鳩を連れていた。後にデューク・オブ・ノルマンディー（ノルマンディー公爵）として知られる鳩である。

この伝書鳩は一九四一年に生まれた雄で、空挺部隊はＤデイ当日の所定の作戦目標を達成したら、伝書鳩で報告することになっていた。敵占領地域に降下した空挺部隊は、ノルマンディー海岸方向に進みながら、上陸侵攻に不可欠な情報収集をする任務を与えられていた。

それらはロンドンの作戦司令部にとって最重要情報である。もしこの作戦が不調であれば、空挺部隊の救援を上陸作戦の計画に加えなければならない。

ケージの中に六日間も閉じ込められた後で解放されたデュークだが、前途は多難であった。海峡には強い北風が吹きつけ、雨天で太陽は見えず、周囲は弾丸が飛び交う激戦地である。それでも午前六時に放たれたデュークは、二六時間五〇分の飛行の末に、ロンドンの鳩舎に帰巣したのであった。

デューク・オブ・ノルマンディーは、一九四四年六月六日のＤデイ作戦初日に参加した部隊の報告を最初に持ち帰った伝書鳩としての功績から、ディッキン・メダルを授与されたのである。

ブライアン

一九四四年
ノルマンディー

Brian

アルザス産のコリー犬、ブライアンは、四十八番目のディッキン・メダル受賞動物であり、空挺部隊で欠かせぬ存在として活躍した。ラフバラーで暮らすフェッチ夫人の飼い犬であったが、戦争省に提供されると、空挺部隊で要望された軍用犬としての訓練を受けた。イギリス空挺師団は一九四四年六月のノルマンディー上陸作戦に参加する予定となっていた。ブライアンは軍用パトロール犬としての訓練を受けたが、生来の高い知能と、重圧に強い性格から、最前線での任務にも耐えると判断された。そこでブライアンはパラシュート降下訓練を受けた。着地後、周囲に散らばっている隊員を集める役割が期待されたのだ。空挺部隊は広い範囲に降下するが、無線機の数は限られている。したがって、部隊の再集結を迅速に行うには、ブライアンの能力は極めて有用だった。

六月六日の深夜、第5パラシュート旅団第13パラシュート大隊と一緒に、ブライアンはトンガ作戦に参加した。部隊には降下地点の確保に続き、オルヌ河とカーン運河を結ぶ一帯とランヴィルの町の確保が命じられていた。ランヴィルは小さな町であるが、沼沢地が周りに点在しており、危険な任務であった。またこの町には枢軸軍の沿岸砲台があると見積もられていたので、無力化を急がねばならなかった。

降下予定地点は広大で、ブライアンは懸命に駆け回って空挺隊員を探した。しかし予定時間になっても集結地点には半数も集まっていなかった。敵の対空砲火が激しく、多くの輸送機が所定のルートを外れてしまい、予定地点で降下できなかったのだ。それどころか沼地に落ちて溺死したり、敵地に降り立って殺害された兵士も多かった。

所定人数には満たないが、作戦計画を遅延させるわけにはいかないので、大隊は行動を開始した。ブライアンを伴った部隊は、予定通りにオルヌ川とカーン運河の線を確保したが、ランヴィルの攻略は兵力不足で困難が予想された。それでも苦戦の末に町の主な部分は確保できた。もしブライアンがいなければ、集結できた兵士はもっと少なく、作戦自体が不調に終わった可能性も高い。

連合軍全体で上陸作戦が成功すると、大隊には周辺のパトロールとドイツ軍の動向を探る任務が与えられ、ブライアンもこれに同行した。フランスの田園地帯で隠れている敵兵を見つけ出し、夜間は敵襲を警戒するなど、ブライアンには休む暇もなかったが、献身的に任務をこなしたのであった。

ブライアンにはディッキン・メダルに加えて、特注の首輪が贈呈された。メダルには次のように添え書きされている。

〈この軍用犬は、第13パラシュート大隊に所属していた。ノルマンディー上陸作戦に参加するまでに所定の空挺降下をこなし、空挺兵となった〉

戦争を生き抜いたブライアンは退役後、フェッチ夫人の元に無事に帰還し、ラフバラーで穏やかで平和な老後を送ることができた。

コローニュ

一九四二年
コローニュ

Cologne

ドイツの主要都市ケルンに対する爆撃は一九四〇年五月に始まっていたが、空襲作戦の一環として目標になったのは一九四二年二月からであった。ドイツ空軍がイギリス国民の士気を挫《くじ》こうとロンドンを焼いたように、イギリスはケルンを焼くことで、ドイツ国民に心理的な圧迫を加えようとしたのである。ミレニアム作戦はその一環であり、アーサー・ハリス空軍爆撃機軍団司令官の発案により、一〇〇〇機の爆撃機でドイツの都市を破壊するという目的のもとで実施された。イギリス空軍の爆撃機がドイツの重要な一部を破壊することで、戦時内閣に自軍の力を証明する狙いであった。作戦目標がケルンになったのは、フライヘア・レーダー・フォン・ディアスブルク中将が管轄する軍管区の中心地であり、第２１１歩兵連隊と第26砲兵連隊の拠点でもあったからだ。

一九四三年六月二十九日にもケルンへの夜間空襲が計画され、六〇八機がイギリスを飛び立った。ボテスフォード空軍基地から発進したランカスター爆撃機のうち一機には、ＮＵＲ

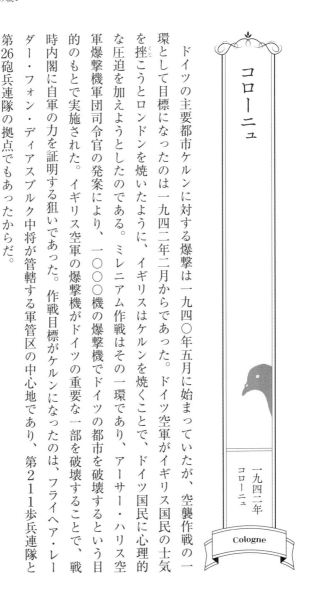

P・39・NRS・144というコードが与えられた伝書鳩が同乗していた。一〇〇回を超える爆撃任務に同行している伝書鳩であり、いくたびか不時着時の救難メッセージや報告任務のためのメッセージを持ち帰った、実戦経験が豊富な伝書鳩として知られていた。今回のケルン空襲では、NURP・39・NRS・144を乗せていたランカスター爆撃機の無線が途絶した。ボテスフォード以外の基地にも帰還していなかったため、司令部では撃墜ないし不時着を強いられたものと判断された。

二週間経ってもこのランカスターの機体や乗員の消息は何も得られなかったが、戦争である以上、戦死と捉えるのが自然である。ところが七月十六日にNURP・39・NRS・144がボテスフォードの空軍鳩舎に戻ってきたのである。胸にひどい傷を負っていたが、傷口付近の羽毛が生え替わっていることから逆算して、約二週間前に受けた負傷であると判断された。これは乗機のランカスターが消息を絶った日付と一致する。しかし通信筒には何も入っていなかった。ランカスター爆撃機に関する情報はまったくなく、これでは乗員の捜索は不可能である。さらに連絡が途絶してから二週間、この伝書鳩が何らかの手当てを受けたのか、それとも傷は自然治癒したのかさえ分からない。この鳩自身、飛ぶのはもちろん、二週間を生き延びるためにエサや水を探すこと自体が難事業であったはずだこの伝書鳩は、胸骨骨折などの重傷を負いながら、ケルンとボテスフォード空軍基地を繋ぐ最長四五〇マイル（約七二四キロメートル）の道のりをたどった快挙から、ケルンというニックネームが与えられた。ディッキン・メダルに推薦された際、添え書きには次のように書かれていた。

〈一九四三年、イギリス空軍に所属時、重傷を負いながらもケルン空襲中に墜落した爆撃機から帰還したことを賞して〉

ケルンの作戦参加回数は、他の鳩を大きく引き離していたこともあり、戦争への貢献度は卓越していた。一〇〇回以上の任務をこなし、負傷しながらもケルン空襲任務から帰還したことは、決断力と勇気の賜《たまもの》であろう。ただ、ケルンの奮闘が乗員の生死に関与できなかったのは残念であった。戦後の調査で、七名のクルーのうち五名が戦死し、二名がドイツの捕虜となっていたことが判明した。

ビリー

一九四二年
オランダ

Billy

ディッキン・メダルは複数回にわたる勇敢な行動や危険な任務に対して贈られるものだが、ビリーという名の伝書鳩は、ハンドレページ・ハムデン爆撃機のクルーが命の危険にさらされていた状況下で、ただ一度発揮した勇敢な行動によってメダルを授与されている。またこの鳩は生後一一カ月で国立伝書鳩局に登録されており、最年少のディッキン・メダル受賞動物でもあった。

一九四二年二月十八日、悪天候のこの日、ロバート・キー大尉を機長とする爆撃機が、アディントン空軍基地を出撃した。この爆撃機に伝書鳩のビリーも積み込まれていた。彼らの任務は、西フリースラント諸島のテルスヘリング島の沖合への機雷敷設であった。気象条件は夜更けに向かって悪化することが見込まれていた。それでも予定海域では高度四〇〇フィート（約一二〇メートル）から正確に機雷を散布しなければならない。島に接近すると、地上の探照灯と連動した激しい対空砲火が始まった。機長は安全な高度まで上昇しようとした。

雲の層を抜けて難を逃れたが、クルーはもう一度挑戦する旨を機長から告げられた。砲撃を避けるため、雲を利用しながらテルスへリング島に再接近し、今度は予定海域上空で爆弾倉の扉を開いたが、その瞬間、左翼エンジンに対空砲弾が命中したのである。機体はスピンしながら墜落を始めた。機長は必死に操縦桿を引いて機位を立て直そうとしてエンジンはうなりを上げたが、機体はなかなか反応しなかった。ようやく上昇するかに思えたものの、落下する機体を支える出力は得られず、機体は海面に不時着して、砂浜に乗り上げたのである。この衝撃で機雷が爆発しなかったのは幸運と呼ぶほかない。

強烈な風雪の中での墜落時間は午後五時一〇分。不時着の衝撃で二名のクルーが即死し、負傷者も出ていた。機長は残骸の中でクルーを捜索したが、生き残っていた一人も足を骨折して、錯乱状態になっていた。無事でいた伝書鳩を探し出し、海岸に向かった二人にとって唯一の希望は、この悪天候の中で窮状を伝えるメッセージを伝書鳩に託すことだけであった。墜落位置と現在の状況を記したレポートを作成すると、ビリーの通信筒に入れて放鳥したのである。

ビリーの飛行距離は二五〇マイル（約四〇〇キロ）で、雪交じりの強風という最悪のコンディションであった。伝書鳩の能力や、不時着直後の鳩の精神状態を考えると、ビリーの帰巣成功率は極めて低いだろう。ところが、悪い予想に反して、ビリーは翌日の午後一時四〇分に巣箱に戻ってきたのだ。ビリーは体力を使い果たしていたが、年齢の若さが幸いして、困難を突破してきたのだろう。救難メッセージを受けて、即座に救助活動が始まった。

ビリーは一九四五年九月八日に、次のような理由でディッキン・メダルを授与された。

〈一九四二年、イギリス空軍に所属、極度の悪天候の中を、不時着大破した爆撃機からメッセージを運んだ〉

だが、ビリーの奮闘は実らなかった。ビリーが飛び立って数分後に、浜辺に灯りを手にした男たちが現れた。爆撃機を撃墜したドイツ兵が迫ってきたのだ。ロバート・キー機長は骨折で動けないクルーと一緒に捕虜になり、救難はかなわなかったのである。

オール・アローン

一九四三年
フランス

All Alone

一九四六年、ウェストミンスター大聖堂に近い王立園芸館で催された戦勝記念式典には、戦争に貢献した動物たちが登場し、推定四万人の観衆が英雄を見るためにやってきた。実は戦時中は、伝書鳩の重要性を敵から隠蔽するために、鳩に関する報道はなかったのだ。鳥用の大きなケージが二つ用意され、その周りは常に人だかりができていた。その一つの中には「サーチライト・パイド」と名付けられた、極めて優秀な伝書鳩がいた。

通常、伝書鳩は太陽の位置から帰巣方向を判断している。これが敵地などで放鳥されても、巣箱にたどり着ける仕組みである。ところがサーチライト・パイドはこの本能に頼らず、サーチライトを頼りにフランス国内の諜報員を支援するように訓練された、特殊な伝書鳩であった。イギリスから夜間に航空機でレジスタンス、または諜報員のいる七マイル（約一一キロ）以内まで運び、空中で放たれたサーチライト・パイドは、故郷であるイギリスのステインズに向かおうとする本能を抑えて、地上から照らされるサーチライトを頼りに飛んでいくのである。この時、一定の光量のサーチライトに反応するように訓練されているので、他の灯りに惑わされることはない。

フランス国内に潜伏する諜報員にとって、このような伝書鳩の受け取り方法の改良は福音であった。諜報員、航空機ともにあらかじめ危険の少ない地点を選び、サーチライト・パイドは灯りを追って簡単に目的地にたどり着ける。当然、このような能力を得た伝書鳩は貴重なので、特に重要な任務にしか投入されなかった。

もう一つの伝書鳩のケージには、ディッキン・メダルがぶら下げられていた。このオール・アローンという名の鳩は、ステインズのブルーアンカー・ホテルの庭園でポールガー氏が育成した青い雄鳩で、第二次世界大戦中に活躍した伝書鳩の中でも特筆すべき飛行任務をやり遂げた。諜報員と共にリヨンの南にあるヴィエンヌに降下したオール・アローンは、長距離飛行に特化した訓練を受けていた。ステインズの鳩舎までは四八一マイル（約七七四キロ）もあるからだ。一九四三年八月に調査を終えた諜報員は、オール・アローンの通信筒にレポートを格納して放鳥した。すると驚くべきことに、オール・アローンは一三時間ほどで巣箱に到着したのである。これは当時の伝書鳩の最高成績として評価されている。メダルの添え書きには次のように記されている。

〈一九四三年八月、国営伝書鳩局所属時期に、四八〇マイルの距離を一日で飛行し、重要なメッセージをもたらした功績を称えて〉

参考文献

書籍

1 C. Bishop and A. Warner, German Campaigns of World War Two (Aerospace Publishing),2001.

2 J. Cooper, Animals in War (Corgi Books), 1983.

3 S.R. Davies, The Story of RAF Police Dogs (Private Publication), 1998.

4 E. De Chene, Silent Heroes – The Bravery and Devotion of Animals in War (Souvenir Press), 1994.

5 R. Doherty, The British Reconnaissance Corps in World War One (Osprey), 2007.

6 W. Finlay and G. Hancock, Clever and Courageous Dogs (Kaye and Ward), 1978.

7 J. Gardiner, The Animals' in War (Portrait), 2006.

8 I. George and R.L. Jones, Animals at War (Usbourne), 2006.

9 E. Gray, Dogs of War (Robert Hale Publishing), 1989.

10 P. Harclerode, Wings of War – Airborne Warfare (Weidenfeld and Nicolson), 2005.

11 A. Harfield, Pigeon to Packhorse (Picton Publishing) 1989

12 A. Hendrie, The Cinderella Service RAF Coastal Command 1939–1945 (Pen and Sword).

13 L. James, The Rise and Fall of the British Empire (Little, Brown and Company), 1994.

14 R. Kee, A Crowd is not Company (Phoenix Publishing), 2000.

15 A. Kemp, The SAS at War 1941–1945 (Penguin), 1991.

16 J.J. Kramer, Animal Heroes – Military Mascots and Pets (Leo Cooper), 1982.

17 A.Moss, Animals Were There (Hutchinson, London), 1946.

18 J. Newton and Phillip Brandt-George, The Third Reich – A descent into nightmare(Caxton), 2004.

19 P. Nicole and P. Clayton, Rob the Paradog (Blue Hill Press, Shropshire), 2008.

20 Lt Col. A.H. Osman, Pigeons in Two World Wars (The Racing Pigeon Publishing Company), 1976.

21 A. Richardson, One Man and his Dog – a true story of Antis (Harrop), 1960.

22 H. Ross, Freedom in the Air (Pen and Sword), 2007.

23 P. Simons, Pet Heroes (Orion Publishing), 1996.

24 G. Seekamp, Paddy the Pigeon (Pixie Books), 2003

25 D. St Bourne-Hill, They Also Serve (Winchester Publishing), 1947.

26 T. Thacker, The End of the Third Reich (Tempus), 2001.

27 Major-General R.E. Urquhart, Arnhem (Pen and Sword), 1958.

28 E. Varley, The Judy Story – the Dog with Six Lives (Souvenir Press), 1973.

29 Chris Ward and S. Smith, 3 Group Bomber Command – An operational record (Pen and Sword).

記録

1 Records of the Allied Forces Mascot Club : Imperial War Museum, London.

2 PDSA Press Releases

3 Shropshire Magazine – article by Mrs Bayne

4 Magazine for Cat Lovers

ウェブサイト

1 Wikipedia

2 www.historylearningsite.co.uk/palestine_1918_to_1948.htm

3 www.invaluable.com

4 www.cdli.newfoundland_gander_hero.hmt

5 www.bbc.co.uk

6 www.national-army-museum.ac.uk

7 www.petplanet.co.uk

8 www.horseandhound.co.uk

9 www.50connect.co.uk

10 www.telegraph.co.uk

11 www.pdsa.org.uk

12 www.thisisgloucestershire.co.uk

13 www.stockportexpress.co.uk

14 www.rgjmuseum.co.uk

15 www.pethealthcare.co.uk

16 www.timesonline.co.uk
17 www.diggerhistory.info
18 www.pigeon.org
19 www.independant.co.uk
20 www.nationalpigeonday.blogspot.com
21 www.absoluteastronomy.com
22 www.216parasigs.org.uk
23 www.blandfordboys.org.uk
24 www.thenorthernecho.co.uk
25 www.news.bbc.co.uk
26 www.purr-n-fur.rg.uk
27 www.yourdog.co.uk
28 www.cdli.ca
29 www.invaluable.com
30 www.pethelathcare.co.uk
31 www.rgjmuseum.co.uk
32 www.homepage.ntl.world.com
33 www.pigeonracingpigeons.com
34 http://dic.academic.ru
35 www.blandfordboys.org.uk
36 www.drchrismorgan.ca
37 www.rafpa.com
38 http://cas.awm.gov.au/heraldry
39 www.dreamdogs.co.uk
40 www.military-genealogy.forcesreunited.org.uk
41 www.flyingbombsand rockets.com
42 www.campbell.army.mil

新聞・雑誌

1 Palestine Post
2 Muswell Hill Record

3 Tooting Gazette
4 Hampstead and Golders Green Gazette
5 Bolton Evening News
6 Widnes Weekly News
7 Hampshire News
8 Liverpool Evening Express
9 Birmingham Mail
10 The Guardian
11 Sussex Express and County Herald
12 Evening Chronicle
13 Express & Echo
14 Plymouth Extra
15 Swindon Evening Advertiser
16 Bridgewater Mercury, 1/10/40
17 Somerset County, 5/10/40
18 Evening Standard, 18/9/46
19 Ipswich Evening Star, 9/9/46
20 Evening News, 18/9/46
21 Western Evening Herald, 29/11/45
22 Nottingham Evening News, 23/11/46
23 Newcastle Advertiser, 18/9/45
24 Ipswich Star, 30/8/45
25 Belfast Telegraph, 30/8/49
26 The Scotsman, 4/1/49
27 Daily Mail
28 Sunday Chronicle
29 Sunday Express
30 Nottingham Journal
31 Yorkshire Observer
32 Oxford Mail
33 The People

34 Aberdeen Evening Express

35 Derby Evening Telegraph

36 The Times

37 Horse and Hound

38 Sunday Pictorial

39 Egyptian Gazette

40 Sunday Dispatch

41 West London Press

42 Express and Echo

43 New York Herald Tribune

44 Glasgow Weekly News

45 Dundee Weekly News

46 The Rand Daily Mail

47 South Wales Echo

48 The Daily Telegraph

49 East London Advertiser

50 Middlesex Independent

他資料

1 International Press Cutting Bureau, 19 Grosvenor Place London SW1, extract from Egyptian Gazette on 31/8/49

2 American Racing Pigeon Club

3 Heroes of the Animal World

4 Picture Post

5 Thank you to all those who kindly replied to my many letters requesting information and guidance, especially the following; Lieutenant Commander K.S. Hett, MBE RN

6 Bob Reeves Snr

7 Miss Rachel Wells (St James's Palace)

8 Mrs Nina Buckley

訳者あとがき

本書はピーター・ホーソン氏の著作『The Animal VictoriaCross: The Dickin Medal』の訳書である。一九七八年生まれの著者は、ウルヴァバーハンプトン大学で法学を、ランペッター大学で歴史学を修めたのち、教育、研究の道に進んだ人物である。とある新聞記事からディッキン・メダルに興味を持ったところ、授与者である「病める動物のための民間救護施設（PDSA）」には、個々の受賞動物に関する充分な資料が残っていないことを知り、研究を重ねてきた。本書はその成果として二〇一二年に出版されたものである。

執筆の動機や、ディッキン・メダルに関する説明は本書に譲るが、ここではメダル創設の主要因にもなった戦争と動物の関係について、特に本書に関連する時代の犬と鳩、そして馬に関する歴史的背景や実態について簡単に説明し、理解の手助けとしたい。

まず最初に、本書における〈動物〉の呼称について説明を要するだろう。一般に戦争において軍事利用される動物を、「動物兵器」と呼ぶ。これは確かに騎馬や戦象、あるいは殺傷能力を期待されて投入される軍用犬にはふさわしい。しかし二十世紀を境に、最前線での動物の兵器運用は一部例外を除けば、ほとんど見られなくなっている。例えば軍用犬の任務は警備や捜索、爆弾処理といった支援用途が中心であるし、騎兵という兵種は廃れて、軍馬はもっぱら前線後方での荷役や、儀式の場での使用が中心だ。こうした用途も広義では兵器に含まれるかもしれない。しかし本書に登場するディッキン・メダル受賞動物の活躍には「兵器」という言葉はそぐわない。

そこで本書では、著者の強い意図が見られない限り、動物の呼称として主に「軍用動物」を使用した。それすら過激な表現と思われる読者もおられよう。実際、本書の主役たちには、戦場ではなく後方の町で捜索や救助に従事していたものも多い。ただ彼らの仕事場が、戦争によってもたらされた破壊の現場であるのも事実である。そうした事情を広く斟酌して、本書では「軍用動物」という用語を軸としている。

軍用犬三〇〇〇年の旅路

戦争で人間のために貢献し、あるいは命を投げ出した軍用動物を称えるために、イギリス社会での最高位の勲章——ヴィクトリア十字章に匹敵する勲章を創設する。それがディッキン・メダルであった。しかし、その前から軍用動物、特に犬は多くの顕彰事例がある。例えば一八五四年のクリミア戦争では、アルマの戦いに従軍したマスティフ犬に最高位の勲章が授けられているが、一八五六年のヴィクトリア十字章制定後は、一八七九年にアフガニスタン戦争で負傷したロイヤル＝バークシャー第2連隊所属のボブという名の犬に初めてこの勲章が授与された。アメリカやフランスでも部隊単位での顕彰はあるが、制度として定めている点ではイギリスが図抜けている。これは、伝統的にイギリスが愛犬社会であることも大きいだろう。

受勲した軍用動物の第一号が犬であったのも偶然ではない。犬は益獣化された唯一の肉食動物であるが、戦争で使われるようになってから少なくとも三〇〇〇年の歴史がある。古代の中東では訓練を受けた戦闘犬の部隊があり、しばしば勝利に貢献していた記録が残る。また血なまぐさい用途ではなくても、優れた嗅覚や警戒心、そして主人への忠誠心を活かし、砦や城の警備にも欠かせない存在であった。

だが二十世紀の戦争において軍用犬に広く期待されたのは、捜索犬と衛生犬の役割であった。古代エジプトでは合戦のあとで戦場に倒れている生存者を見つけ出すために訓練された犬がいた。そして彼らの信仰には多くの動物神がいたように、犬によって傷をなめられることには治癒効果があるとも信じられていたのだ。

さすがに現代では治癒効果までは信じられていないが、戦場における生存者を探す犬の訓練を最初に実施したのは、一八八五年のベルギーであった。警察犬の育成プログラムを見学した一中尉が、隠されたものを見つけ出す犬の能力を戦場の負傷兵の探索に利用する衛生犬のアイデアを思いつき、教育機関の組織化に取り組んだのだ。

この動きはすぐにヨーロッパ各国に波及したが、イギリスでは十九世紀末のボーア戦争で、複数のコリー犬が、数百人の負傷兵を発見したという実績が残っている。

以後、第一次世界大戦で軍用犬の訓練と運用は組織化され、その能力によってパトロール中の兵士を支援して危険を未然に発見する「偵察犬」、負傷兵を捜索する「衛生犬」、食糧、武器、弾薬などを前線に届ける「運搬犬」、前線部隊から後方の司令部に手紙を運ぶ「伝令犬」、電線リールを背負って電線を敷く「電信犬」など、犬の特性に合わせて様々な任務が確立した。ベルギーやドイツでは機関銃の牽引にも犬が使われたという。テレビアニメ『フランダースの犬』ではパトラッシュが牛乳を乗せたドッグカートを牽《ひ》いていたが、そうした伝統が影響していたのだろうか。

第二次世界大戦では、二〇年前の世界大戦に輪をかけて軍用犬の訓練と組織化が大規模になった。中でも徹底していたのはドイツとソ連である。一九三〇年代後半、ドイツではクンマースドルフに欧州最大の軍用犬訓練センターを開設していて、戦争を前に各種訓練を受けた軍用犬が二〇万頭を数えていたという。

前線での軍用犬はこの上なく勇敢で、かつ有能であったと言うほかない。軍用犬は三〇〇メートルの距離から人の気配を察知し、川幅一・五キロメートルの大河を恐れず泳ぎ渡って伝令を果たし、負傷兵を見つけるや、ためらわずに衛生兵を探し、リール一本分の電線をたちまち敷いてしまう――各種証言を総合した、前線での軍用犬の働きはまさにエリート兵士のそれだ。本書で前線部隊に出た犬たちの活躍も、決して誇張でないことがわかる。

だが、相応に犠牲も大きかった。詳しい統計はないが、連合国、枢軸国を併せて数万単位の軍用犬が命を落としている。当然、ディッキン・メダルにふさわしい活躍をした犬が、この犠牲者の中に無数にいたことは想像に難くない。

戦争が終わっても、東西両陣営では軍用犬は不可欠であり、その犠牲は避けがたいものとして軍用犬訓練場は維持され続けた。イギリスでは国内のみならず、イギリス連邦構成国と自治領のすべてに飼育場が建設された。そして現代まで軍用犬の研究は続き、地雷犬や特殊部隊と行動を共にするパラシュート犬ばかりか、セラピー犬として心の傷を負った傷病帰還兵の支えになるなど、任務の幅を広げている。願わくば、銃弾の飛び交わない世界で犬と人間との絆を深めていく世界であってほしい。

飛びぬけた能力の軍用鳩

軍用動物の中で、常に命がけの任務を強いられていたのは伝書鳩＝軍用鳩であった。第一次大戦のイギリスは一〇万羽の軍用鳩を使用し、第二次世界大戦では二五万羽に膨れ上がっていたという。

本書でも様々な軍用鳩が紹介されるが、彼らの能力は遺伝的資質に拠《よ》るものであり、飼育者の役割は入念な訓練で鳩の耐久力を高めることであった。事実、本書が証明しているように、多くの任務で最後にものをいうのが耐久力なのである。

また鳩はヒナが巣立ちするまでつがいで行動することが知られる。特に雄鳩は雌鳩への執着が強いため、パートナーの雌が待つ巣がある方が帰巣能力、すなわち伝書鳩としての任務の成功率が高まると期待できる。さらに任務の前には、雄の伝書鳩をパートナーから引き離し、かつその時に別の雄をパートナーと一緒にするといった姿を見せて、嫉妬と焦燥をかき立てるということも頻繁に行われた。

戦時中とはいえ残酷な仕打ちだが、これほどまでに人間が手をかけた伝書鳩の飛行能力は、無風下で分速一〇〇〇～一二〇〇メートル、状況次第だが時速は五〇～一〇〇キロで、時に一二〇キロに達する。この速度を維持したまま休まずに一〇〇〇キロも飛ぶことができる。話題のドローン兵器も、鳩と同じサイズではこれほどの飛行能力はない。ただし三〇グラム程度の通信筒を装着すると四〇〇キロ程度まで距離は短くなってしまうようだ。

軍用鳩の歴史は、ローマ帝国初期の記録まで遡るが、この時点で運用法が確立しているのを見ると、さらに古いのは間違いない。それから二〇〇〇年も下った第二次大戦になっても、軍用鳩はイギリスの生命線であった。ドイツ占領下のフランスにいる協力者や工作員との貴重な通信手段であったからだ。フランスでドイツが最初にしたのは伝書鳩の処分であった。そしていかなる理由があろうと、伝書鳩を育てたり、隠し持っているフランス人は、最悪、死刑の対象となった。それでもイギリス軍は夜間爆撃に紛れて、北フランスの各地に軍用鳩を入れた専用コンテナを投下し続けたのである。

もちろんドイツ軍も、厳重な警戒をすり抜けて、イギリス人がフランスに軍用鳩を持ち込んでいることを知っていた。したがってイギリス海峡付近に駐屯しているドイツ軍兵士は、パトロール中に見かける鳩を銃撃し、あるいは猛禽を使って仕留めるのを重要な任務としていた。

イギリス軍ではかねての研究から、重要な通信を確実に届けるには、最低でも四羽の鳩が必要と見積もっていた。しかしフランスではその確率はもっと低化する。一通の伝書鳩の通信を成功させるには、その五～一〇倍の犠牲が発生していたということだ。その中で厳しい帰巣を成し遂げた鳩の多くが、ディッキン・メダルを授与されたのも驚くにはあたらない。

すべての戦場にいた軍馬

軍馬という存在は、人間と馬の関わりの広さに比べればごく一部の存在領域に過ぎない。それにもかかわらず、戦争で馬は大変な犠牲を払ってきた。本書に登場するディッキン・メダルを授与された馬の多くは、戦場というよりは、戦火に見舞われた市民生活の中で果たした働きを評価されている。しかし戦場での馬たちの過酷な経験も忘れてはならないだろう。

軍馬――というより馬に兵士が乗っている騎兵は、戦場での決定的兵器であった。日本でも武田騎馬軍団の名で知られるように、精悍な騎兵の存在は、その国の軍事力を示す指標でもあった。

しかし機関銃と機械力が戦場を支配した第一次世界大戦以降、軍馬を前線に出すのはまったくナンセンスであった。それにもかかわらず、第二次世界大戦では、馬の投入規模と犠牲の多さは前大戦を上回った。

第二次大戦に動員された軍馬の数は一説に八〇〇〇万と言われるが、圧倒的なのはソ連で約三五〇万頭、次いでドイツの二七五万頭という数字があげられる。日本も中国戦線で戦っていたので一〇〇万頭程度動員したという数字もある。当然、敵の中国軍は日本軍以上に馬《ば》匹《ひつ》に頼っていたのだから、おそらく最初の八〇〇〇万という総数はかなり控えめな数字かもしれない。この数字に裏付けられるように、馬は世界中の戦場のあらゆる状況で、あらゆる役割に使われた。追跡や追撃、偵察、砲や荷馬車の牽引、弾薬や食糧の輸送、あらゆる場所に軍馬の姿があった。

零下三〇度の極寒のロシアから、東南アジアのジャングルまで、一日に五〇キロ以上の距離を、たいていは一〇〇キロ以上の荷物を乗せて、粗末な食糧で不平も言わず、一歩も動けなくなって死ぬまで働く。そんな軍馬の献身的な姿は、第一次世界大戦を舞台とした、スティーヴン・スピルバーグ監督の映画『戦火の馬』（二〇一一年）に活写されている。『プライベート・ライアン』（一九九八年）で戦争映画の表現を変えてしまった監督の作品だけに、馬と人間の友情とコントラストをなす戦闘描写は辛いので、動物愛護の気持ちがなにより強い読者には、敢えてオススメとは言わない。それでも軍用動物たちが生きた戦場や兵士の姿を映像で知ることは、本書の世界観を押し広げる大きな助けとなるはずだ。

東京九段の靖国神社には、戊辰戦争以来の日本の戦争において落命した兵士たちを祀っている。その参集殿の北側、遊就館前の広場には、軍馬、軍鳩、軍犬を慰霊顕彰する慰霊像が建立されている。軍用動物についての制度はもちろん、本書のテーマである顕彰、あるいはケアの分野では日本は欧米に立ち遅れたまま戦争に突入し、敗北したことで、そうした制度も置き去りになったまま今日に至る。また教育や戦争物語の文脈で彼らの犠牲が語られる場面は、どんどん薄れてきている。そんな世情の中でも戦友会や崇敬者の思いが慰霊象として残っていることが、洋の東西を問わず、戦場における軍用動物の存在の大きさを物語っているように思えてならない。

宮永忠将

［訳者］
宮永忠将（みやなが ただまさ）
1998年上智大学文学部史学科卒業。ゲーム会社ウォーゲーミングジャパン勤務等を経て、歴史・軍事関連の執筆や翻訳、軍事関連ゲームの品質保証、歴史関連の動画の脚本などを手がける。『ウォーズオブジャパン』（偕成社）『地図と解説でよくわかる 第二次世界大戦戦況図解』（ホビージャパン、翻訳）ほか多数の著書・訳書がある。

HJ軍事選書 010

戦場の動物たち

THE ANIMAL VICTORIA CROSS-THE DICKIN MEDAL

ピーター・ホーソン
宮永忠将 訳

2023年7月31日　初版発行

編集人　木村学
発行人　松下大介
発行所　株式会社ホビージャパン
〒151-0053　東京都渋谷区代々木2-15-8
Tel.03-5304-7601（編集）
Tel.03-5304-9112（営業）
URL;https://hobbyjapan.co.jp/
印刷所　（株）広済堂ネクスト

定価はカバーに記載されています。

乱丁・落丁（本のページの順序の間違いや抜け落ち）は
購入された店舗名を明記して当社出版営業課までお送りください。
送料は当社負担でお取り替えいたします。
ただし、古書店で購入したものについてはお取り替えできません。

※本書掲載の写真、図版、イラストレーションおよび記事等の無断転載を禁じます。

copyright 2023 by Peter Hawthorne
Japanese translation rights arranged with Pen and Sword Books Limited
through Japan UNI Agency, Inc., Tokyo

Japanese translation rights © HobbyJAPAN 2023 Printed in Japan

ISBN978-4-7986-3166-0 C0076

Publisher/Hobby Japan Co., Ltd.
Yoyogi 2-15-8, Shibuya-ku, Tokyo 151-0053 Japan
Phone +81-3-5304-7601 +81-3-5304-9112